别以为你懂孩子的心

周令瑜 著

中国友谊出版公司

只 为 优 质 阅 读

好
读

来自爸爸妈妈、教育工作者的真实评价

（此书）为父母培养孩子提供了一个全新而又典型的标本式的案例集合，有着极强的实用性、贴近生活、来源生活，是父母开启了解孩子大门的书。

——中国教育报公众号

早期教育专家周令瑜老师，致力于幼儿教育工作已经 10 多年了，关于育儿、家庭关系、夫妻关系等方面有太多的实战经验可以和大家分享，并帮助大家做到活学活用，真正把学习到的经验技巧运用到自己的生活中来。

——腾讯网推荐语

把孩子交给自己父母带的宝爸宝妈们，此书值得一看。

——怀孕育儿日记

阅读这本书真的是非常不错的选择，作者有着 17 年在教育一线的工作经历，根据自己与孩子在生活、学习、成长过程中的相处，得来的与孩子交往的经验和心得汇集编著本书。这是那些毫无育儿"第一战线"的实践经验、只是从这里那里拼凑抄袭的杂乱无章的所谓育子图书根本无法相比的。

——妈妈帮 App 用户读后感

本书对我影响较深的是：教育的核心是构建健康的人格。教育的目的不是培养出天才，不是考高分，更不是出人头地，而是培养孩子要自立、自强、自信，建立自己独立的人格！好的人格能陪伴他一生，让他顺利走过人生的坎坷坷坷，陪他克服将来面临的困难！

没看书之前我还是会多少地干涉她。但是很快我就告诉自己绝对不可以，要相信她并且尊重她自己的个人生长规律。给孩子真正的爱是去了解她的内心，让她的内心能够真正自由。最后给大家真心推荐这本书，希望大家能够去阅读。因为我觉得真的不错。

我也买了这本书，这是一本很好的书，替孩子们说出了心里话。

让我只推荐一本亲子教育的书，无疑就是这本了！

这是我自己经常会翻看的一些育儿书籍！对我影响比较大的是《骑鲸之旅》1、2，对于新手妈妈如何选书很有帮助，也是我见妈妈就会推荐的书。《别以为你懂孩子的心》（本书旧版）对于孩子即将入园的家长选择幼儿园及如何克服孩子的分离焦虑很有帮助。松居直的书也很值得一看，教会你如何陪孩子看绘本！其他巴学园李跃儿、小巫的都比较适合新手妈妈。

很快读完此书，还蛮多感慨的。 亲子关系中，请常常换位思考，父母首要的是让孩子感到安全，如果对自己的父母颇有怨言，那么不要让行为惯性强加给孩子同样的不幸。孩子延续的不仅仅是生命，更重要的是爱。爱可以是无条件的，但是教育不能，父母必须智慧地言传身教。

——幼师从业者

强推强推，真的是所有父母、爷爷奶奶、外公外婆应该人手一本啊！

——来自广东的新手爸爸

大家如果有什么心理问题，基本都可以在自己童年的时候找到原因吧。孩子有自己的一套逻辑和想法而且并不难理解，而我们总是忽视他们，所以才导致各种悲剧的哭闹。有原则地对待小孩子并且多陪伴有多难啊？！为什么做不到？不说了，说多了都是泪。

——来自知乎心理学类爱好者

再版自序

时间过得很快，一晃这本书出版已经10年了，在书中频频出现的我的女儿也已经14岁了。

此次签下再版合同后，我再来打开这本书的文稿，发现还是有些不严谨之处，不禁头冒冷汗：会不会误导家长们？转念又一想，不要低估现在的年轻父母，大家或许仅仅是参考而已吧，并不会全部照搬。这样想来略感安慰，但是对于再次出版就更加谨慎了。

我花了三个多月的时间，对书中一些不够严谨的地方做了修改，删去了一些有点过时的文章，把后来我带领父母成长小组的经验添加进去，整本书做了比较大的修订。

我们国家的父母恐怕是世界上最重视教育的父母了，大家为了孩子不惜一切代价，买学区房、报各种兴趣班、补习班，把孩子送到早教中心，送到最好的幼儿园、小学和中学，只为让孩子有一个更好的未来。这样做当然无可厚非，但是，是不是做了这些就能教育好孩子呢？并不是。这些年我收到很多父母的来信和咨询，他们的孩子从幼儿园到小学、中学、大学的各年龄段都有，他们的问题各不相同，但是有一个共同点：他们花了很多钱在孩子的教育上，但是孩子却还是出现各种各样的问题，比如，不能自觉做作业、沉迷网络游戏、情绪失控、和父母关系恶劣、说谎偷窃、离家出走等。我对其中两个家庭印象最为深刻，他们的情况极为相似，都是男孩，小时候成绩很好，后来考上了名校。中小学时代有老师、父母管，但上大学后没人管，孩子松弛下来，整天待在宿舍打游戏而不去上课，沉迷网络不能自拔。结果屡屡挂科，直到后来被大学劝退。家长急得快要崩溃了。

所以你看，教育孩子并不只是砸钱报补习班、买学区房那么简单，比这些更重要的是，父母和孩子建立良好的亲子关系，父母做好榜样，建立权威，同时又和孩子有很好的沟通，在孩子做错事的时候及时引导他，帮助他学会做正确的选择。然后，教孩子学会负责，能承担压力和挫折，懂得自我管理而不是总是别人监督，学会和各种各样的人相处，学会和别人沟通合作，学会坚持，学会学习（自学能力）。我们要训练孩子养成良好的习惯，培养孩子有美好的品格和性格，还要培养孩子独立生存的能力。简言之，我们要教孩子两件事情：如何做人，如何做事。学校相对比较侧重教你的孩子做题和考试，所以教会孩子如何做人、如何做事更要靠我们自己。

本书写的就是这些内容，适合0～18岁孩子的家长参考。但是如果你的孩子在6岁以下，那就更有用处了，因为6岁前（特别是3岁前）是孩子的性格、习惯养成的重要时期，在这个阶段去培养孩子的良好性格、品格、习惯是事半功倍的。当然这并不是说6岁以后就没机会了，你仍然有机会，只是付出的时间精力会比6岁前多得多。

最后，我要感谢我的女儿和儿子，他们给了我很多写作的灵感。还要感谢罗元编辑和出版社，让这本书有机会再次出版。当然，还要感谢购买了这本书的你。

周令瑜

2020 年 9 月

初版自序

我们真的懂孩子吗

　　我是一位在幼儿园一线干了10多年的幼教工作者，接触过无数的孩子和家长，看到了很多成功和不成功的家庭教育。有了孩子后，我中断了事业，陪伴了孩子生命最初的5年。在很多家长眼里，我是幼教专家，我曾经也以为自己很懂教育。但是，当我潜下心来研究孩子的时候，我发现其实我不懂教育。

　　我曾认为：

　　孩子像一团泥巴，需要我们去"塑造"，我们想把他塑造成什么样子就是什么样子；

　　孩子需要竞争，如果成人说"看哪个孩子吃得最快"，保证孩子个个都想吃第一名，这样的竞争是非常必要的；

　　孩子要坚强，不要动不动就哭，哭是懦弱的表现；

　　孩子要懂得分享，孩子不愿意分享说明他是一个自私、小气的孩子；

……

后来，我发现我错了，以前"以为自己很懂"只不过是自以为是，静下心来才发现自己根本没有领会到教育的真谛。我仅仅看到了表象，没有看到本质；仅仅看到了眼前，没有看到未来。如果我们不懂教育，却以为自己很懂教育，那么我们给孩子实施的"教育"对孩子而言就是一场灾难。

我的一位同学是中学老师，他常常感慨：现在的孩子太难教了。如果不严格要求，他们很不自觉，上课不专心，有机会就整老师，甚至拉帮结派打架闹事；如果严格要求，他们又很抵触，不少学生出了心理问题。我想，这些都是由于孩子在幼年没有受到正确的教育，习惯、性格、品格、价值观出了问题，很多问题当时不会显现，遗留至小学或中学才显露出来，而到了那时，已经过了孩子的性格形成关键期，要改变就很困难了。打个比方，好比一条河流，在源头上出现了污染，我们跑到下游去治理能治理好吗？

6岁前的教育的重要性在很多书中都有阐述，"三岁定终身"之类的话相信很多家长都不陌生，但是，现在的状况是家长们更重视中小学阶段，他们绝对不愿意把孩子交给水平不高的老师或不好的学校，可他们会把婴幼儿交给老人或者保姆照料，然而很多老人和保姆根本不懂如何教育小孩。而自己带孩子的妈妈，也只是从书上或网络上了解一些育儿知识。学前教育的重要性远远超过小学、中学、大学等任何阶段，0～6岁是孩子构建自我的重要阶段。形象地说，6岁前的教育就好比万丈高楼的地基，地基打好了，高楼才能建稳；地基没打好，高楼建得再漂亮也可能会垮掉。

谁对0～6岁阶段的孩子影响最大呢？当然是父母。父母对孩子的教育占着绝对的主导地位，是任何人、任何机构都不可比拟、无法替代的，父母一职比任何岗位都重要。没有谁生来就会做父母，做父母也需要"岗前培训"和学习，否则你就只能把孩子养活、养大。

我梦想有那么一天，每一位孩子都能受到良好的教育，不管他来自城市还是农村，不管他是富裕还是贫穷。2009年1月16日，我在天涯社区发了一篇名为《走进孩子的心灵》的帖子，记录了我在养育孩子过程中的心得，引起了很多家长特别是妈妈们的共鸣。在与他们的互动中，我看到了家长们的艰难与挣扎，也看到了家长们迫切想要学习如何教育孩子的渴望。帖子坚持一年多后，有出版社找到我，要把帖子里的文章结集出版。我觉得这是一种很好的方式，能帮到更多家长。这本书大部分写的是我的孩子的故事，还穿插了我们幼儿园及我身边的孩子的故事。这些故事都是真实的，来源于一个个普通的家庭。但为了保护孩子的隐私，文章人物全部为化名。

孩子有很多共性，但每个孩子又有自己的特质以及发展差异。所以，读这本书的时候，请不要直接照搬书中的经验，而要根据您孩子的情况具体分析，然后再找解决办法。

这本书完全是"无心插柳柳成荫"，发帖的时候并未想到成书，又因本人才疏学浅，肯定有些地方不尽如人意，请您批评指正。在此，我要感谢伴随我两年多的网友们：媛媛妈、闹闹妈、塔妈、宽哥妈妈以及所有关注和支持我的家长，正是你们的支持，鼓励我一直坚持下来。感谢你们！

周令瑜

2010年6月

目录

☆ 第五章 好品格，让孩子拥有更高的人生格局

☆ 第六章 如何引导孩子培养出受用一生的好习惯

第一章

好的父母懂得如何
培养孩子的学习力

孩子有自己的思维方式，家长指导过多，就会让孩子丧失自己思考的能力，依赖于大人的指导。如果什么都不管，就如同农民对地里生长的秧苗遭遇了大量的杂草而任其自生自灭一样，肯定种不出好庄稼。对于创造性的活动如画画、搭积木、玩沙、舞蹈等，我们不要教，以免用自己的思维局限住孩子，但是我们要预备好环境。而对于知识性的内容如识字、数学等，我们可以教。

☆ 家长是如何在不经意间毁掉孩子的创造力的

> 本篇的"教"与"不教"都是针对 6 岁以前的孩子。

我女儿周周3岁多的时候,拿张纸在公园的长凳上画画,旁边两个约4岁的小孩很感兴趣的样子,围了过来。周周给了他们纸和笔,大家一起画起来。其中一个孩子的妈妈在一旁不断地"指导"孩子:"你看妹妹,画得多好,握笔握得多好,你应该这样握笔。"边说边拿过孩子手里的笔示范,接着又告诉孩子,树应该怎么画,花应该怎么画……那孩子被妈妈这么一折腾,兴趣索然,丢下笔跑了。这位妈妈叹了口气,说:"这孩子就是这样,干啥都是三分钟热度。"然后又问我,"你家孩子画得很好呀,是不是上了美术班?"我说:"没有。"这位妈妈追问:"那是你自己教的?"我说:"我也没有教,她喜欢就让她画了。"

这位妈妈似乎不太相信,我也没有继续解释。在她之前有很多家长也是这样的反应,他们认为,孩子不教就不会,必须得教。所以他们会教孩子画画、教孩子堆积木、教孩子玩。他们很想看到孩子学会了某件事,比如,会画一幅画、会搭一座城堡、会做一道算术题、会认识几个字……他们急于看到学习的成效,但不重视学习的过程。这种心情可以理解，但是这种急功近利的"教"法往往会把孩子的学习兴趣给"教"没了，这正是很多孩子不喜欢学习的一个重要原因。事实上，每个孩子天生都有强烈的好奇心，他们喜欢探索，喜欢问"为什么"，有强烈的求知欲望，这些是我们无法教给孩子的。对于6岁前的孩子，我们要鼓励和保护孩子的好奇心和学习兴趣，而不是急于看到学习成果或者急于让他们学到某个技能。

另一方面，孩子也具有非常棒的创造力，这也是我们无法教给孩子的。毕加索说：我花了4年时间画得像拉斐尔一样，但用一生的时间，才能像孩子一样画画。这句话是什么意思呢？他是在说，画画的技巧容易学习，只要四年就能画得像伟大的画家一样，但是其中的创造力却是难以学习到的。对于孩子来说，他的大胆想象是最宝贵最重要的，而绘画的技巧可以等到孩子大一些再找专业老师来教，很快就能学会。其实不仅是画画，在所有涉及创造性的活动方面，孩子都不需要我们"教"，我们也没有资格教，因为我们的"教"只会束缚住孩子的思维，如同给孩子锁上一个框框。

也许你会疑惑，我们不教，孩子怎么能学会呢？周周是如何"学会"画画的呢？大约1岁8个月的时候，周周对涂涂画画表现出强烈的兴趣，我买回画画的纸和油画棒，清理了一张小茶几当画画的桌子。就这样，周周开始了她的涂鸦之旅。刚开始自然是乱涂一气，画一些曲线、线团及乱七八糟的线条。后来她不满足于自己涂，开始要求我画，要我画杯子、凳子、气球及各种小动物。我不想让我的画局限她的思维，但是又不能打击她画画的兴趣，怎么办？虽然原来我学过3年美术，但是还没到看到什么就能画出来的水平。于是我买回了一本儿童美术方面的书，上面有很多画，于是我先学着画不同姿态的动物、不同样式的气球，总之每一样东西，我都会画出不同的样式，画的时候也不教她"气球应该怎么画"之类。我只是应她的要求画给她看，而且每次都会鼓励她自己画。没错，我做的事情就是和她一起画画。她画完后，我会请她说说画的是什么，她有时说是蛇，有时说是苹果。虽然一点都看不出来她画的是什么，不过我仍然试着从她的视角来理解她的"作品"。在她1岁10个月的一天，她涂鸦完了后大叫起来："球球，球球。"那时，她还只能说三到四个字的句子，我跑过去一看，果然是一个气球，笨拙的、稚气的笔迹，歪歪扭扭的线条！我很开心，把她举了起来："哇！周周会画气球了！"她也好开心。

从那以后，周周就一发不可收拾了，画杯子、帽子、太阳、热带鱼、海豚等，两岁多的时候学会了画人像。后来除了用油画棒外，她还用水粉颜料画。在这期间，我给她买了很多绘本，图画、色彩都非常美，让她接触好的绘画作品，耳濡目染受到熏陶。其中有一套叫作《凯蒂的名画奇遇》，是给孩子介绍世界名画的绘本，周周很喜欢看，她看了之后就模仿里面介绍的"点彩派"画法，还真像模像样呢。

孩子有自己的思维方式，家长指导过多，就会让孩子丧失自己思考的能力，依赖于大人的指导。一位身在海外的妈妈留言说，她带着两岁多的儿子在户外玩沙，她发现如果自己不指导，孩子就不知道怎么玩。她反思，可能是自己以前对孩子指导过多的缘故，导致孩子依赖于她的指导。后来她很希望孩子能用自己的方式去玩，但是孩子不愿意自己去尝试新的玩法了。比如，骑单车，孩子骑一下，骑不好就放弃了，不愿意反复去尝试。

孩子不需要我们过多指导，那是不是可以什么都不管呢？不是的。如果什么都不管，就如同农民对地里生长的秧苗遭遇了大量的杂草而任其自生自灭一样，肯定种不出好庄稼。对于创造性的活动如画画、搭积木、玩沙、舞蹈等，我们不要教，以免用自己的思维局限住孩子，但是我们要预备好环境。而对于知识性的内容如识字、数学等，我们可以教孩子，但是要在合适的时候以合适的方式去教，不要只是灌输知识，而要教会孩子思考。

☆ **第一，你需要创设一个有准备的环境，这个环境应该自由、宽松、符合孩子的年龄特点。**你要去仔细观察，你的孩子对什么感兴趣呢？根据孩子那个阶段的兴趣创设环境，简单说就是让孩子在适合的时间做适合的事，这个适合就是以孩子的兴趣为标准。举例来说，孩子喜欢画画，你就给孩子提供笔、颜料和纸，以及画画方面的书和绘本；孩子喜欢音乐，就给孩子听各种经典的音乐，各种乐器演奏的、各种风格的音乐。再如，某个阶段孩子对计算表现出浓厚兴趣，那么你就可以给孩子一些小棒、石子、小篮子等，和孩子玩算术游戏。

☆ **第二，在孩子对某一个事物发生兴趣的时候，我们应该准确地把这个事物所对应的概念告诉孩子，让"概念"和"事物"配对。**比如，当孩子痴痴地看着灯泡的时候，我们要不失时机地告诉孩子"灯"。这样孩子就把"灯"这个具体的"事物"和"概念"对上了。再如，大冬天的时候，寒风刺骨，孩子感觉到冷。这时可以导入"冷"的概念，孩子就可以把"冷"的概念和"冷"的感觉配上对。你给孩子的东西一定要是准确的，不能给些错误的东西。如果你对你的答案不确定，那么你一定要查证后再给孩子。如果被孩子的某些问题问住了或者不便于回答，不要随口敷衍孩子，以免造成错误的认知。

周周也很好问，看到各种植物，她问"这是什么树""那是什么花"，我们会告诉她植物的名称和习性，很多答不上来的，我们就带周周到户外、公园去找答案，有的公园在种植的树或者花上面挂了牌子，上面有植物的名称、年龄、习性的介绍，孩子可以看、闻、摸、感觉，这就是很好的学习。我们到博物馆参观，周周对那些出土文物如青铜器、陶瓷等都非常感兴趣，我们便给她念一念文物旁边的说明文字，并听一听讲解员的解说。周周回来后，翻阅我们拍的文物照片，能说出那些文物的用途。这也是很好的学习。

几乎每一个孩子都喜欢提问，有时候他们甚至把我们问得无言以对，不知怎么回答他的问题。孩子发问的时候，就表示孩子在思考，背后是他强烈的求知欲望，这是多么好的事情。这也是很好的学习机会，我们可以把握住这个机会，耐心地解答孩子的问题，甚至可以反问孩子，然后和孩子一起去书上、网络上或者其他途径寻找答案。不要因为孩子问得太多嫌烦，随便敷衍一下，那样恐怕你的孩子今后不想再提问了。被孩子问住了也不是什么丢脸的事情，我就常常被孩子问住，每当这种时候我就很开心，因为我觉得我的孩子能够提出我解答不了的问题，真是很了不起，而且我也觉得这个时候正是我和孩子一起学习的好机会。作为父母，我们的知识经验比孩子多，但终归是有限的，我们并不是无所不知的，让孩子知道这一点，他不会对我们失望，更不会看低我们。孩子需要的不是一个无所不知的爸爸/妈妈，而是一个愿意和他一起学习的爸爸/妈妈。

☆ **第三，我们要和孩子一起享受探索的过程。**用大白话说，就是和孩子一块在"玩"中学习。比如，周周看到水里的观赏鲤鱼，好奇地问：

小鱼喜欢吃什么呀？于是我们带上面包、花生、米饭、菜叶等，和周周一起喂鱼，在喂食过程中，周周观察到了小鱼喜欢吃什么。我们饲养过小鱼、乌龟、鸭子等小动物，栽种过大蒜、生姜、红薯、土豆等蔬菜，做过水变成冰、冰化成水、沉浮、什么东西会降解等实验。孩子在亲自动手体验的过程中，学会观察，学会思考。这比我们直接教给他印象更深刻，也更有兴趣。

对于6岁前的孩子来说，他们没有"学习"的概念，只有"玩"的概念，对他们而言，所有的学习都是玩。我家老二是个男孩，两岁多的时候对数学表现出强烈的兴趣，每天热衷于做各种数学题，3岁左右又痴迷于识字、写字，可以一个人趴在那里画字画上一两个小时，但是如果我要以我的想法来教他一道题，或者教他识字，他就立刻跑远了。学龄前的孩子就是这样，在他们眼中，学习就是玩。就如我儿子做数学题、写字、识字，他觉得那都是在玩，他看到姐姐做作业，他也要做作业（就是做数学题），他觉得做作业就是玩。所以，我不建议在孩子6岁以前给孩子正式的学习，比如，上课什么的。这个年龄段的孩子以正式的形式来学习固然可以学到一些知识、技能，但是弊端是会损害孩子的学习兴趣，这就是为什么很多刚上一年级的孩子就不爱学习，因为他们的学习兴趣在幼儿园就被破坏掉了。孩子没了学习兴趣，他今后还怎么主动自觉地学习呢？

有人说孩子是一张白纸，让成人去书写；还有人把孩子当成一个容器，试图去把这个容器灌满。持这种观点的人认为孩子是成人教出来的，不教孩子便不会。的确，习惯、品格需要家长教导和训练，知识、经验家长也可以教给孩子，但是，创造力却是我们没法教给孩子的。从这一点来说，每个孩子天生是大师，我们实在没有"教"的资格。学习兴趣也是我们没办法教给孩子的，我们要做的是去保护它，而不是破坏它。

　　常常有妈妈跟我说，她们在带养孩子的时候不知道怎么去教孩子，自己的知识储备、能力、教育智慧似乎都很有限。你有没有这样的困惑呢？如果你有这种感受也很正常，我在带养两个孩子的过程中，也常常会觉得自己知识面匮乏，各种能力不足，但是我认为这个没什么关系，因为哪怕我们读到博士，我们的知识和能力也总归是有限的，总有我们不知道的地方。孩子要的并不是无所不知的全能型父母，他们需要的是愿意和他们一起学习的父母。做妈妈这么多年，我对我女儿的态度常常是，这个我不会，但是妈妈可以跟你一起学。我认为，在孩子学习的漫漫长路上，我们家长的角色既不是知识的灌输者——事事都想着去教孩子，也不是甩手掌柜——反正我不会，也教不好，还不如交给早教/托管/培训班，而应该是以一颗愿意学习的心，成为孩子学习路上的伙伴，和孩子一起学习和成长。

☆ 找到方法，每个孩子都是"天才儿童"

看到身边的家长纷纷把孩子送到各种培训班，学习钢琴、舞蹈、思维训练、英语等，你是不是有些紧张，担心如果不送自己的孩子去学点什么，就会落后？就会输在起跑线上？在这个全民都为孩子的教育焦虑的时代，你有这样的心情也很正常。但是，我要说的是，如果你对教育有更多的了解，你就不会这么焦虑了。

家长们需要认知一个事实：世界上没有两片相同的叶子，当然世界上也没有两个相同的人。每个孩子都有与他人不同的特质，带着他与生俱来的天赋才能。坏的教育是忽略孩子的差异，千篇一律地要求每个孩子学习同样的东西，大家学钢琴，我家孩子也去学，不管孩子喜不喜欢，也不知道为什么要去学，只是因为钢琴比较流行，大家都在学，所以我孩子不学不行。又听说大家都在学奥数，奥数对提高孩子的数学成绩有好处，赶紧去给孩子报个奥数班……看到了吗？这就是坏的教育！如果你的孩子根本不喜欢钢琴/奥数，那么即使你的孩子勉强去学了，也学得很痛苦，这就好比让一条鱼去学习飞翔，即使付出一生的代价，鱼也不能学会飞翔。

好的教育是发现和挖掘孩子的天赋才能，因材施教，创造条件帮助孩子把他的潜能发挥到极致。我很赞同童话大王郑渊洁的一个观点，他说他的教育和学校教育的不同之处在于：学校教育是动物园饲养野兽，喂什么吃什么；他的教育是放养野兽，野兽想吃什么自己捕食。他主张要"放养野兽"一般来教育孩子。

下面这两位"差生"的转变，就是因为最后由他们自己选择"吃什么"。

《东方早报》2006年9月报道过一位叫王楠子的少年。报道称，8年前，王楠子是上海某中学一个"标准的差生"，经常被老师"重点关照"，无奈之下赴美求学；8年后，他成了全美动画比赛个人组冠军，并被老师表扬是个"天才"。王楠子后来是费城艺术学院的大四学生，是该校动画专业最出色的学生。

无独有偶，《中国青年报》也曾报道过一位叫牛培行的少年，年仅16岁已拥有6项国家发明专利、17项实用新型专利。从12岁第一项发明至今，已有多项发明获得省市、国家发明创新比赛大奖，并被国内企业及美国投资公司看中，签订购买和投产意向书。而牛培行也不是传统意义上的"好学生"。小学三年级以前，他的学习成绩一直是全校几百名学生中的最后一名。贪玩、不听讲、不记笔记，更不完成作业。"那时，我经常被老师罚站，叫家长也是常有的事。"牛培行说。因为学习差，牛培行在小学就转了3次学，父亲甚至把他送到远在呼和浩特的一所自治区重点小学。

王楠子曾经因为开玩笑、爱接茬、迷恋运动被认为是问题孩子，而这些在另一些老师眼里都不成为被批评的理由。一次，他像过去在国内一样插嘴，当堂纠正了当地中学老师的一个错误，没想到，老师当场就说："你真是个天才。""太受鼓励了。"王楠子感叹。正是那些记忆犹新的鼓励促使他真正开始自觉地学习和奋斗，使他开始彻底摆脱了原来差生的自卑心理。

而牛培行呢，不爱上课，就喜欢在马路上或者自行车修理铺捡些废零件，捡回来就开始琢磨，制作一些小玩意儿。看到儿子玩性不改，父母开始送他到培训班学习。让他学电子琴，琴没弹几下，他却在一边不停地鼓捣电源插座；让他学国际象棋，他却闹着要上制作班，后来只好答应两门课一起学。结果国际象棋学了个一塌糊涂，连基本步法都不会走，而小制作却大有进展。从此，他的房间变成了加工厂，床上堆满了各种工具、模型、零件。进入初中，牛培行的学习成绩有所长进，发明创造也进入了高峰。

为什么这王楠子曾经是差生，去国外上学后却成了天才？牛培行从不爱学习的学生变成了发明家？难道他们老师和父母有什么魔法能够点石成金？并不是，老师和父母只是做了一件简单的事情，就是挖掘孩子的天赋。王楠子的天赋是制作动画，牛培行的天赋是发明创造，学校鼓励他们做自己喜欢的事情，帮助他们把自己的天赋发挥了出来。这不得不令人深思：还有多少个像王楠子、牛培行一样的天才正在被定义为"差生"呢？

每个孩子降生到人世，其天赋才能各有不同，都像一颗没有做任何记号的种子，播种之后，我们需要等待，看看他会长成什么样子，切勿先入为主，认为孩子应该成长为什么样的人。如果你的孩子是一棵松树种子，你就让他长成松树；如果他是一棵小草种子，就让他长成小草。这就是尊重孩子的独特性。如果你的孩子是小草种子，你非要他长成松树，这就好比叫一条鱼去飞翔，违背人的本性，孩子会非常痛苦。

每一个孩子的天赋才能不一样，他的兴趣点也不一样。有时并不是孩子不好好学习，而是"一刀切"的教育方式扼杀了孩子的学习兴趣。所以，当你羡慕别人的孩子钢琴弹得好、奥数学得好的时候，你可以去仔细了解自己的孩子，你的孩子对什么感兴趣？他有什么特质？他与生俱来的天赋才能是什么？不要盲目地去和别人攀比，因为每个孩子不同，没有可比性，拿自家孩子不擅长的跟别人家的孩子擅长的去比，是最愚蠢的事情，除了让你的孩子自卑，让你更焦虑，你收获不了什么。你的孩子不会画画，可能会唱歌；不会唱歌，可能会写作；不会写作，可能数学好；不擅长数学，可能动手能力强；动手能力不强，可能会交朋友，人际关系好；交友不擅长，可能爱思考，肯钻研……总之，你要做的是去发现孩子的天赋潜能，然后按照孩子的天赋才能去培养孩子，而不是跟风，别人孩子学啥，你也让孩子去学啥。

聪明的父母懂得发现并顺应孩子的独特性，给他提供成长的土壤、养分，让他成长为他自己，而不是逼着他成为别人家的孩子。了解你的孩子，看看他喜欢什么、擅长什么，支持他去做自己喜欢的事情，把他的天赋才能挖掘出来，这才是好的教育。

☆ 孩子为何越大越没有创造力

每个智力正常的孩子都有着超凡的想象力和创造力，他们有许多奇思妙想。

晚上，我们躺在床上准备睡觉，突然，周周指着窗外喊："那里有眨眼睛的飞机！"我循着她的角度望去，天空中果然有一架飞机飞过，飞机上的灯一闪一闪的，确实很像眨眼睛。

秋千荡得很高的时候，眼看就要碰到最近的大樟树的树叶，周周说："我好像要摘到树叶了。"接着来了一句："我好像要摘到星星了！"这不和"危楼高百尺，手可摘星辰"有点异曲同工吗？

有时，她撑开一把小伞，搬一个小板凳坐在伞下，口中发出呜呜的声音，说是开飞船。

中秋节，吃过晚饭后，一家人坐在一起赏月。幽蓝的夜空中，月亮在树梢上挂着，又圆又亮。此情此景引得周周"诗兴"大发：

月亮

月亮升起来了

小树和她做朋友

房子也和她做朋友

一不小心

月亮掉到池塘里了

月亮大声喊

救命啊，救命啊

小树救起了月亮

——月亮弄得脏兮兮的了！

　　类似这样的创意还有很多，你的孩子肯定也有很多这样的例子，孩子们有着数不尽的奇思妙想，很多想法让我们瞠目结舌却又堪称绝妙。

　　与孩子的创新能力相反的是，成人的创新能力低下。周周爸是一家上市公司的研发人员，有一次谈到创新时感慨道，身边的同事包括他自己要设计一个方案的话，必须找样本来参考，不参考便想不出来。我们这一代受应试教育长大的人大概都有同样的感受吧。小时候的我们应该也有非凡的创造力，是什么扼杀了我们的创造力呢？ 为什么孩子也和我们当初一样，越大越没有创造力了呢？

　　先来看看成人是怎么教孩子的。有一次在朋友家玩，几个孩子聚在一起画画，大人们在一旁围观。有两个孩子放不开，小心翼翼地画，生怕画错了。我问孩子的妈妈，平时孩子是怎么画画的？ 一位妈妈说是让孩子照着画，另一位妈妈说是让孩子描着画，用一张半透明的纸覆盖在画上，把画的内容拓印出来。问题就在这里，平时孩子习惯了照着画或描着画，一旦离开范画自然就不知该怎么画了。在不少学校、幼儿园、培训机构，教孩子画画都会用"临摹"的方式，并不是说完全不能让孩子临摹，当孩子大一些，开始学习绘画技巧的时候，让孩子临摹一些名画，能很好地提高孩子的画画技巧，但是在学习技巧之前，更重要的是保护孩子的创造力，因为技巧易学，创造力却是学不来的，所以，6岁前的孩子，让他自己画就好了，不要临摹，也不要看他画得像不像。过早地让孩子依葫芦画瓢，结果就是脱离葫芦就画不出瓢了。

"示范"也是很多父母和老师在教孩子时常用的方法，比如，写字、唱歌、舞蹈甚至玩游戏，都是教育者先示范一遍，然后孩子跟着来一遍。一位妈妈就曾经非常热衷于事事示范，甚至在孩子玩沙的时候，她看见孩子笨手笨脚的，也忍不住要示范该怎样玩。她这样给孩子示范怎么做"生日蛋糕"：用铲子把沙拢成圆圆的一堆，再拍打得紧一点，再插上几根小树枝，嘴里同步解释这几个步骤，做好之后，她让儿子跟着学一遍。儿子很快就学会用沙子堆生日蛋糕了，她沾沾自喜，觉得孩子学得不错。可是就在不久后，她发现儿子不管做什么，都等着她示范，如果她不示范，儿子就不会动手了。包括玩沙，儿子也只会照着她示范的方法去玩，完全想不出其他的玩法。她这才感到事态严重了。

成人的"示范"实际上是人为地设置了一个框框，把孩子的创造力禁锢了起来。成人的示范在孩子的眼里会成为一个标准动作，成为孩子模仿的范本，这自然会禁锢孩子的创造力。虽然模仿是孩子学习的一个主要途径，但如果模仿的学习缺少独立思考，往往会在不知不觉中框住孩子的思维，丧失掉创新能力。况且，成人的示范大多是面对某个问题时所运用的惯例，一些新的想法和点子就被排除在外。

很多人是非常主张模仿的。他们认为：先有模仿，后有创新。我觉得创新和模仿没有必然联系，有的模仿甚至会局限人的创新能力。比如，莱特兄弟制造飞机的时候，爱因斯坦创立相对论的时候……他们没有模仿谁，最多不过是参考一些前人的经验。当然，我并不完全反对模仿，毕竟模仿是孩子学习的主要途径，对于好的东西是需要模仿的，但是模仿不是简单地照搬，而是应该在模仿的基础上，吸取别人的经验，并努力超越。所以，孩子年龄越大，创造力越差的一个原因就是：成人教得太多，让孩子模仿太多。我还看到过不少孩子小时候很有灵气，上学后或上培训班后，技巧是学了不少，灵气却没了。过早注重知识性和技巧性的东西，势必会以牺牲孩子的创造力作为代价。

创新能力是人类最重要的一种能力，人类的发展和进步依赖于创新。创新能力缺失会造成很多恶果。对于企业来说，创新能力的缺乏便是缺乏自主知识产权。我们的"中国制造"多，"中国创造"少。由于缺少自主知识产权，缺乏核心技术，所以即使中国目前已成为"世界工厂"，"中国制造"的商品销往全球，但中国人赚取的只不过是一点点加工费，利润中的一点小钱。

2009年，华裔科学家曹锟获得了诺贝尔奖，这是获得诺贝尔奖的第8位华人，但都不是中国国籍。"为什么我们的学校总是培养不出杰出人才？"这是著名科学家钱学森面对前来探望的温家宝总理提出的一个刻骨铭心的追问。什么是杰出人才？创新型人才才是杰出人才。

有些人说在应试教育体制下，诺贝尔奖获得者的苗子在小学阶段就被扼杀了。但我觉得，诺贝尔奖的苗子有可能在学龄前就被扼杀了。应试教育的触角早已伸向了学龄前，幼儿园小学化已成普遍现象，而家长们为了"不让孩子输在起跑线上"（这句广告词不知是谁想出来的，误导了多少家长，祸害了多少孩子），教孩子识字、算术、拼音，提前学习小学一年级的知识；有的忙着给孩子报钢琴、舞蹈、美术等各种培训班，家长和老师们乐于让孩子掌握知识性、技能性的东西，似乎这样就能让孩子赢在起跑线上。但是孩子所学的是否适合他目前的年龄段？是否适合他当前的能力？家长们可能没有细想过。获诺贝尔奖需要创造性思维，而在儿童早期给孩子灌输知识性、技能性的东西会大大地扼杀孩子的学习兴趣和创造力。失去了创新能力，不要说获诺贝尔奖，就连成为创新人才都不大可能，最多成为某行业的工匠罢了。

1924年，鲁迅先生在北师大附中校友会上做了一次著名的演讲，题目叫《未有天才之前》。他说道："在要求天才产生之前，应该先要求可以使天才生长的民众。譬如想有乔木，想看好花，一定要有好土；没有土，便没有花木了。所以土实在较花木还重要。"每一个孩子都有可能成为天才，但是我们必须给天才提供成长的土壤。那么，让我们每一个家庭先成为培植天才的土壤吧。

☆ 孩子听不懂？不感兴趣？试试体验式学习

一个晴朗的春日，气温突然升高，我想到从乡下带过来的鸡蛋还放在竹筐的米糠中，现在天气炎热了必须拿出来，不然恐怕会变质。于是我带着周周一起从米糠中把鸡蛋拿出来放到小篮子里，然后再放到冰箱。周周常常吃鸡蛋，但是接触生鸡蛋还是第一次。

在拣鸡蛋前，我交代周周"要轻拿轻放，不然会打破"。周周一边点头，一边把手伸进筐里，在米糠中掏呀掏，掏到第一个鸡蛋的时候，她有点儿兴奋："我找到一个了！"然后，她小心翼翼地把鸡蛋放入篮子里。接着又掏出了第二个、第三个……突然，"啪"的一声，一个鸡蛋从周周的手里掉下来，落在篮子里，打破了。周周拿起那个破了的鸡蛋看了一会儿，放下，好像觉得有点可惜。接着，她更加小心地拿竹筐里的鸡蛋，直到把筐里的鸡蛋全部拣完，没再打破一个鸡蛋。

我发现一个有趣的现象：刚开始我交代要轻拿轻放，周周也按我所交代的很小心，但是仍然没拿稳，打破了鸡蛋。而在打破一个鸡蛋之后，她却没有继续打破鸡蛋。这是为什么呢？我想可能是因为之前她没有"鸡蛋易碎"的体验，所以尽管我有交代，但她仍然似懂非懂，并不知道鸡蛋到底会"脆弱"到什么地步。打破了一个鸡蛋之后，她有了

"鸡蛋易碎"的体验，明白自己应该怎样拿鸡蛋了，她在这个过程中获得了经验，所以再也没有打破鸡蛋。

对于小龄孩子来说，最好的学习就是不断体验。比如，认识"鸡蛋"，如果我们这样教孩子：鸡蛋是椭圆形的，表面光滑，易碎，蛋壳里面有蛋白和蛋黄，味道很鲜美……这样讲一大堆的概念，孩子可能还是一知半解，不如让孩子拿鸡蛋，摸一摸、看一看、放一放，再打开看看，煮熟了尝尝，孩子在体验中不知不觉就感知了鸡蛋的形状、性质、味道。又如认识"水"，无色无味、透明、可以流动。如果我们在课堂上来讲这些，孩子一定会兴味索然，但是如果让孩子去玩水，孩子就能在不知不觉中感知到水的上述特点，他们会用两个杯子把水倒来倒去（感知水的流动），把小手放入水中仍然可以看见自己的手（感知水的透明），用不同颜色的容器装水（感知水是无色的）……

我们的教育大多数是"纸上谈兵"。我有位朋友给孩子买有贴纸的书，意在开发孩子的潜能。有个题目是这样的：上方画着一只小白兔，下方画着萝卜、青菜、肉、小鱼之类的食物，问题是"请把小白兔爱吃的食物贴出来"。朋友指导着孩子把萝卜、青菜贴在小白兔的下方，孩子照做了。我问朋友："孩子喂过小白兔吗？"他摇摇头说："没喂过。"

孩子没有喂养小白兔的体验，他获得的只是爸爸妈妈告诉给他的东西，当他面对一堆枯燥的概念或知识时，既难于理解，也容易失去学习兴趣。所以，有条件让孩子去体验的，我们可以尽量创造条件让孩子去体验。比如，可以带孩子做各种小实验，饲养适合家养的动物，种植盆栽，去公园、户外玩耍。在这些亲身体验的过程中，孩子就是在学习。

你可能会有点疑惑，对于那些没条件体验的怎么办？比如，孩子认识各种动物，要了解各种动物的习性，我又不能在家里养那些动物，怎么办呢？没条件亲身体验的，我们可以搜索相关的视频给孩子看。比如，你要了解北极熊，你又不能在家里养一只北极熊，一般动物园也看不到北极熊，那你就可以去网络上找视频，现在网络上的资讯非常多，你只要输入关键词，就可以找到你想要的视频，这样就可以帮助孩子有直观的了解。

下面我讲两个更加具体的例子，来帮助你了解体验式学习。

周周上小学后，班上有一个成绩特别差的孩子小倩，家长辅导不了，老师也非常头疼。后来老师实在没办法了，向我求助。我辅导了那个孩子一段时间，发现孩子其实比较聪明，只是对抽象的概念理解不了。比如，语文作业里面有个"系鞋带"的"系"需要组词，她不知道该怎么组词。我问她："你知道系是什么意思吗？"她摇摇头。我想拿一根绳子什么的来演示一下什么是"系"，周周说："用红领巾就可以。"于是，我请周周演示一下什么是"系红领巾"，周周把红领巾拉松，然后再勒紧，小倩非常认真地看，我告诉她，刚才周周就是在"系"红领巾。完了，我请小倩也来系红领巾，让她理解"系"是一连串的动作，比如，系鞋带、系红领巾、系蝴蝶结等。

还有一次是做数学作业，当天的作业是"分数"，起初，小倩一个题目都做不出来，显然她没弄懂分数的概念。我想起下午刚见到她们的时候分了烤饼，于是，我说：你下午和周周一起分了烤饼吃对吧？她点点头。我接着说，现在我们找一个圆形代替烤饼，我们这里有四个人，每个人要吃一样多的烤饼，怎么分呢？我边说边将圆形纸片对折再对折，指着其中的一个扇形（1/4）说：这块"饼"分成了相等的4块，其中的一块就是1/4。接着，我把纸片再对折，折成8份、16份……又拿一个长方形，画出3份、5份、7份，一边示范一边告诉她"一个整体平均分成几份，其中的一份就是几分之一"。然后又让她自己对折纸片，将圆形纸和方形纸平分成不同的等份，体验分数的概念。最后，她终于弄懂了，后面的题目也都会做了。

我儿子不到4岁的时候，对数学非常感兴趣，有一次他问了我一个问题：妈妈，3-5等于几？当时他已经掌握了10000以内的加减，我觉得他应该可以理解正负数的加减了。他喜欢走楼梯上下楼，我家住28楼，他会一层一层地往下数，比如，从28楼往下走一层，他就知道是到了27楼，这是他非常熟悉的一个生活经验。于是我说，3-5的意思呢，其实就是我们在3楼，然后往下走5层楼，我们会走到第几层楼呢？一边说着我一边在纸上画了一栋楼，标注每个楼层的数字，地下的楼层我标注为-1、-2、-3……这个他也有生活经验，小区地下车库就是-1楼，电梯上有显示的，而且他经常去百货商场，那里有-2楼、-3楼。他一下子理解了，在我画的大楼3层往下数了5层，他立刻得出了答案：-2。用这种方式，我帮助他理解了正负数的加减。后来不需要画图，他也能够算出诸如-2+3、7-9之类的题目，我想他大概是在心里想象了一栋楼的画面，把这些算式都理解成上下楼了吧。把抽象的东西变得具体形象，孩子理解起来就容易了。

我们目前教孩子知识技能的方式大多是教概念，比较少给孩子动手操作和体验的机会。这是孩子不喜欢学习的一个重要原因，"概念"一般比较抽象，不容易被孩子理解，如果孩子对"概念"不理解，他会学习得非常辛苦，也自然会失去兴趣。你想想，假设你去听一个讲座，一个是满口术语、枯燥难懂的，另一个是通俗易懂、幽默风趣的，你更喜欢听哪一个呢？你肯定会喜欢听通俗易懂的对不对？我们成人尚且是这样，何况抽象思维不发达的孩子呢？当你觉得孩子对学习不感兴趣的时候，或者他对你教给他的知识内容不理解的时候，不要急着责怪孩子不认真，先找找原因，可能是学习内容太抽象、太乏味，他理解不了。你可以琢磨一下，如何把抽象的知识、概念变得直观形象，让孩子亲身体验一下，去动手做一做、摸一摸、看一看、闻一闻、听一听、数一数，这样孩子更容易理解，也更加有兴趣。

☆ 择园记：给孩子选幼儿园，有哪些注意事项

周周3岁多的时候，我开始给她找幼儿园，要找一个合适的幼儿园不是一件容易的事情。

对于择园，是"外行看热闹，内行看门道"，大多数家长只知道看环境好不好、设施是否齐全、能学到什么。这些当然也重要，但最重要的还是老师。我选择幼儿园其实是选择老师，硬件条件并不需要有多么优越，只要活动空间大、安全，能满足孩子的需求就好。硬件条件的豪华与先进都是表面的东西，是否有具备科学的教育理念并切实落实这一理念的老师才是最关键的。对于宣称"贵族""精英""保姆式服务"之类的幼儿园，我不会考虑，因为这种幼儿园的办园思想就是迎合家长的虚荣心，孩子在这里除了学会虚荣、急功近利、浮躁、有优越感，将一无所获。

2010年正月初七，我们开始了看园的第一站，去了离家最近的一所幼儿园。这家幼儿园有三所分园，宣称的教育理念和我一致，收费不菲。进园后，副园长热情地接待了我们，带领我们参观了每一个教室。幼儿园刚上班，只有老师们在布置教室、打扫卫生，还没有小朋友，所

以我们看不到小朋友的活动，也没办法得知老师和小朋友相处的情形。园长助理和周周亲切地打招呼，带着周周到游乐玩具区玩，她的嘴巴说个不停，很少静下来听周周说话，周周几次想开口说话都被她打断了。这是典型的传统老师，不懂得倾听和观察，以老师为中心，忽略孩子的内心感受和需要。我想副园长都如此，班上的老师大概也差不了太多吧。

正月十三，我们去了一家号称"引进先进教育理念，教育和国际同步"的幼儿园。副园长D老师热情地接待了我们，带着我们参观周周适龄的两个班。第一个班是3岁半到4岁的孩子，当时正是起床的时间，没有一个孩子是自己穿衣服的，孩子们一个个缩在被窝里等待老师穿衣服，被老师穿好衣服的孩子则双腿并拢坐在自己的床头。我很奇怪，问D老师："他们自己不会穿衣服吗？为什么不让他们自己穿呢？"D老师解释说："因为今天比较冷，怕孩子们冻着，所以没让他们自己穿，要是天气暖和的话，还是小朋友自己穿的。"其实室内并不是太冷，三四岁的孩子完全可以自己穿衣服，孩子适当接受寒冷刺激可以提高抗寒能力。也许幼儿园这么做是考虑到很多家长的要求，但是我觉得对孩子有点保护过度了。

进到另外一个班，老师正在弹钢琴，小朋友们唱歌。我们站在门口，尽量不打扰到小朋友。一曲弹完，老师起身和我们打招呼，然后对小朋友们说："小朋友，说阿姨好！"20多个孩子齐声喊："阿姨好！"我笑着和孩子们打招呼，但不太理解老师的做法：为什么好端端的活动要因为我们的到来而中断，非要督促小朋友向我问好呢？老师也许是出于礼貌，教导孩子礼貌当然非常必要，但是此时此刻小朋友在专心唱歌，完全不必中断他们正在进行的活动而和我打招呼，这与是否礼貌其实没有多大关联。

接着，老师把所有的水杯倒上水，放在一张桌子上。老师说："我们要喝水了，老师点到一个小朋友的名字，小朋友就上来拿自己的杯子喝水。"点一个名字，小朋友说"到"，再从老师手里接过自己的水杯。没点到名字的小朋友只能坐在凳子上，情绪浮躁、无所事事。洗脸也是如此，一个个点名拿毛巾。孩子渴了就要喝水，何必要组织孩子集体喝水呢？告诉孩子水杯和水壶放在哪里，孩子想喝水的时候自己去倒不就行了吗？我在幼儿园工作许多年，理解老师这么做是便于管理孩子，不至于太混乱，但是这种方式谈不上尊重孩子，喝水是个生理需求，这种事情怎能整齐划一？老师点名的时候孩子不想喝也得喝，没点名的时候想喝水却不能喝。

接下来，我们看了离家稍远的一所幼儿园。这所幼儿园是长沙最早开展蒙氏教育的幼儿园之一，他们的宣传单上称：专业的个性化教育，让孩子与众不同；一流的师资团队，硕士生带班；主张关键期的个性化教育，为每个孩子制订早期教育指导方案。当然收费也是"一流"的，每月学费接近3000元，很多长沙人一个月的工资（2010年）都没这么多。

进园后，前台有好几位老师负责接待，她们身着制服、热情大方。一位年轻老师带领我们参观，我们首先来到小班，这个班的孩子年龄在3岁左右。小朋友们刚起床，围坐在桌子边准备吃午点。生活老师端上一盘梨子，几位小朋友伸手想拿，一位身着白色衣服的老师严肃地呵斥："老师请你们吃了没有？"小朋友们见状，伸到半路的手赶紧缩了回来，老老实实坐在桌子边等候。过了一会儿，这位老师可能觉得"时机"成熟了，下了指令："小朋友请吃！"待老师下令，小朋友们方才伸手拿起梨子吃了起来。

这一幕太熟悉了，曾经无数次发生在很多幼儿园里，在那里，小朋友做任何事情都必须经过老师的允许，否则就会被制止和呵斥！在这样一个宣称有着"一流师资"，提供"专业的个性化教育"的天价幼儿园，老师的素质和传统幼儿园的老师相差无几，这实在是名不副实。我退出了这个班，来到另一个班，这个班正在组织教学活动，主教的是班主任老师。据介绍，这位老师获得了他们集团的教学能手奖，集团有10个幼儿园，共有5名老师获此奖项，可见这位老师应该是他们园里最优秀的老师了。主题是元宵节自制灯笼。小朋友坐成一排，每个人手里拿着一个做好的灯笼（据配教老师介绍，这些灯笼是上次活动课小朋友自制的）。老师点到哪位小朋友，那位小朋友就上前把灯笼交给老师，由老师用一根带子把灯笼系在彩带上。很多幼儿园用这种教学方式：集体形式组织教学，挨个点名，挨个上来，小朋友参与的机会很少，等待的时间却很漫长。

接着，我和老师交流了孩子们之间发生冲突的问题。我想了解在幼儿园里，孩子之间发生冲突，老师会怎么处理。老师不假思索地说："我们会立刻制止，并调查了解是谁不对，对错误方进行教育。当然，我们尽量要把冲突在萌芽状态就掐掉！"我继续询问老师："如果一个孩子的玩具被另外一个孩子抢了呢？你们会怎么解决呢？"蒙氏老师稍稍想了一下说道："那我会对被抢的孩子说，你要和小朋友分享哦。"这个回答令我吃惊——如果这话出自家长之口，我不会惊讶，可是出自与国际接轨的"个性化教育"的蒙氏幼儿园老师之口，就令我有些始料不及了。作为教育者，应该维护班级中的规则，应该教导抢玩具的孩子尊重别人的物权，不要抢别人的东西，将玩具还给对方。而这位老师居然要强迫被抢的孩子与人分享，这实在是太混乱了。对于抢玩具的孩子来说，他得到了老师的默许，会认为抢别人玩具没问题，今后更加蛮横和霸道；对于被抢的孩子来说，他会感到不公平和委屈，有可能变得胆小和懦弱，不懂得维护自己的权益。

正月十六，我们去了离家较远的一所幼儿园参观，事先和老师沟通过，我们直接参观他们园的国际蒙氏班。去的时候已经是下午4点多，小朋友们在吃晚饭。我们还未进教室门，班主任F老师便示意我们轻声一点，以免打扰到小朋友。整个教室静悄悄的，小朋友们安安静静地在吃饭。F老师带我们参观了他们的几个教室，我注意到，他们有3个教室，进门是一个小间，里面陈设了许多餐具和厨具，如电饭煲、电磁炉、锅、铲、刀什么的，还有高度不同的两个洗菜池。F老师介绍，这些是孩子们做饭、洗菜、切菜、炒菜的用具。在这里，小朋友自己做很多事情，譬如打饭菜、收拾桌椅、清扫地板、洗毛巾，等等。她说，孩子刚来我们幼儿园，可能首先要学会的是如何在这里生存。我非常赞同她说的，学会生存不正是孩子的第一任务吗？

正当我们交谈的时候，一个5岁多的小女孩走了过来，亲昵地对F老师说："我到露台上去了。"F老师说："好。"我们来到露台，这里有很多小朋友种植的白菜、大蒜、土豆等蔬菜。小女孩热情邀请周周："妹妹，要不要和我一起种？"周周说："我不想去。"旁边一个5岁的小男孩嘲笑周周："羞羞羞。"小女孩说："一点都不羞，她还这么小。"小男孩总是很喜欢大声说话，小女孩不断提醒男孩："请你小声点。"周周拿出自己带过去的纱打扮自己，小女孩也想要，走过来

028

问道："妹妹，你愿意给我一块纱吗？"周周说："我不愿意。"小女孩坦然地说："你不愿意就算了。"转身愉快地去种菜了。我觉得这个小女孩真不错，短短几分钟，我发现她身上很多可贵的品质：规则意识强，不仅自己遵守，还能提醒别人；主动和人交往；善解人意，有爱心；能坦然接受拒绝，不因为别人的拒绝而恼怒。我问F老师："这个小女孩来蒙氏班很久了吧？男孩没来多久？"F老师说："是的，女孩来了两年了，男孩只来了半年。"

我还观察到，这两个孩子在F老师面前都是非常放松的，在她身上很随便地爬啊、蹭啊，而F老师则是满脸笑容地任孩子"纠缠"着她，那种爱是发自内心的。很多幼儿园的孩子怕老师，不敢靠近老师，那说明老师和孩子关系不太好。我们在选择老师的时候，最应该关注的应该是老师是否热爱目前的工作，而非她的学历多高，或者名头有多响。

一圈幼儿园看了下来，最后我们选择了F老师这个幼儿园。这些年接连爆出幼儿园出事的新闻，比如，校车闷死孩子、孩子在幼儿园被猥亵、被幼儿园老师打等，这些都是由于幼儿园管理不规范、老师的素质和职业道德差引起的，现在很多幼儿园从业人员的素质不高，所以我们在给孩子选择幼儿园的时候一定要擦亮眼睛，寻找真正热爱孩子的老师，这样才能最大限度保障孩子的安全。

衡量一所幼儿园好不好，不是这所幼儿园装修多么豪华、设施多么先进、园长和老师多么有名，而在于是否拥有一群发自内心地爱孩子、懂孩子的老师。

☆ 家长如何帮助孩子迅速适应幼儿园

　　每年开学季都有许多小朋友迈入幼儿园，开始人生的第一段集体生活，每一位家长都希望自家孩子顺顺利利地上幼儿园，尽快适应集体生活，那么，家长该做些什么，帮助孩子尽早适应幼儿园生活呢？

　　☆ **第一，家长不焦虑**。我在幼儿园工作的时候，接待过各种各样的新生家长，我发现有一类家长的孩子适应得特别慢，有的甚至不能适应。这类家长特别舍不得孩子，送孩子来幼儿园的时候面色凝重，有许多焦虑和担心，担心孩子在幼儿园吃不好、睡不好，担心孩子尿裤子老师不能及时发现，担心孩子被别的孩子欺负，担心孩子在幼儿园哭……他们倘若看到孩子哭就心疼不已，不舍得跟孩子分开。有的家长（一般是孩子妈妈或奶奶）看到孩子哭，自己也偷偷抹眼泪。每年开学季都有那么几位奶奶围绕着我们幼儿园探头探脑，"打探"自家孩子在幼儿园是否哭了，吃得可好？无一例外，那些孩子都是适应得最慢的孩子。

　　家长的焦虑会传导给孩子。你焦虑，孩子就会焦虑。你面色凝重地带他去幼儿园，依依不舍地将他交给老师，他一哭，你一步三回头……孩子的心非常敏锐，他一眼就能看穿你的焦虑，然后他变得更加焦虑，更加离不开你。假设他本来只有三分焦虑不舍，如果你心里有焦虑，那么他的焦虑不舍会再增加三分。

如果你有焦虑和担心，那么在入园之前多做功课，处理掉那份焦虑和担心。比如，你可以提前多方面考察幼儿园，看看幼儿园的管理是否规范，看看老师是否有爱心和耐心，看看原来班里的孩子的一日生活是怎样的，他们在幼儿园是不是快乐。在孩子入园前，你怎么考察、质疑、验证都不过分，但是你一旦选择了该幼儿园，你就要相信老师，相信她们会照顾好你的孩子。因为你相信老师，孩子才会去信任老师，才会愿意去幼儿园，才会愿意让老师照顾他。

你可能会问，即使做了这些功课，我仍然感到焦虑怎么办？那么你至少要做到在孩子面前不焦虑，每天轻轻松松地带着孩子来，即使孩子哭，也果断地将孩子交给老师，告诉孩子你几点会来接他，然后果断离开，不要拖泥带水。下午准时接孩子回家，如果孩子不想说，不要盘问孩子关于幼儿园的问题，想了解孩子在园的情况可以打电话给老师。

如果孩子的安全感比较好，大多数孩子的分离焦虑都非常轻微，家长离开后不久就会停止哭泣，加入幼儿园的活动中。如果家长不将自己的焦虑累加给孩子，这些孩子大多在一周之内（最迟不超过一个月）适应幼儿园生活。如果你的孩子焦虑很严重，比如，晚上做噩梦哭醒、白天茶饭不思、情绪抑郁、不参加活动、影响正常生活，那么你要看看孩子的安全感是否稳固，严重缺乏安全感的孩子需要先建立好安全感再上幼儿园。

☆ **第二，训练孩子生活自理。**幼儿园一个班有二三十个孩子，老师无法像在家里一样一对一地照顾孩子，如果一个孩子吃饭、喝水、上厕所等生活环节自己不能完成，全部需要老师照顾，那么他在幼儿园会觉得特别无助，较难适应集体生活。在入园前，你最好提前两三个月训练孩子生活自理，包括自己吃饭，不再靠大人喂；上厕所自己脱裤子、提起裤子；知道拿杯子倒水喝；学会穿脱鞋子、穿脱衣服等。不过，家长最好一直对孩子放手，不包办替代，让孩子做力所能及的事情，那样就不需要特别的训练了。

☆ **第三，带孩子提前熟悉幼儿园。**幼儿园是孩子第一次离开家迈向社会的地方，陌生的环境和陌生的老师多少会让孩子感到不安。带孩子提前熟悉幼儿园可以消除陌生感，减轻孩子的不安情绪。

在孩子正式入园前一个星期左右，你可以带孩子去幼儿园玩，带孩子参观幼儿园的活动室、寝室、操场、花园等地方，告诉孩子玩要在哪里、上厕所可以去哪里、睡觉是在哪个房间；带孩子观看幼儿园小朋友的一日生活，让孩子对幼儿园生活有一个大概了解；你还可以预约老师家访，让孩子有机会和老师近距离接触，减少对老师的陌生感。

☆ **第四，描述幼儿园时不要有消极暗示。**有些家长无意中说的一些话让孩子对幼儿园感到恐惧，比如，"你不听话，幼儿园老师会骂人的""哎呀，我管不了你，还是让幼儿园老师来管""哈哈，还有两个星期就要关到幼儿园去了""在幼儿园不要太老实，别人不打你，你不要打别人，别人打你的话，你要打回去"，类似的这些话会让孩子觉得幼儿园是个可怕的地方，会把他"关"起来；幼儿园老师一定很凶，会骂人；幼儿园的小朋友不友好，可能会打我。这样孩子会对幼儿园抱着戒心和敌意，既害怕又抵触上幼儿园。

我们要避免说对幼儿园带有消极暗示的话语，也要注意不要拔高、夸大幼儿园。比如，有的家长希望孩子高高兴兴上幼儿园，于是把幼儿园描述成一个特别好玩的地方，简直跟游乐场似的，孩子去之前非常期待，结果去了之后非常失望，根本没有妈妈说的那么好玩，去了几天死活不愿意再去了。所以，向孩子介绍幼儿园的时候不夸大、不暗示，真实就好。

　　做好上述准备，以轻松的心态对待孩子上幼儿园，你的孩子就能顺利适应幼儿园生活了。

✩ 家长如何和幼儿园配合好

我以前在幼儿园的时候，许多家长把孩子送来，认为教育的担子交给了幼儿园，拜托老师怎样怎样教孩子。其实，父母对孩子的影响远远超过老师，父母的言传身教是任何人都无法替代的。如果只靠幼儿园，家长不和幼儿园沟通配合，教育就达不到良好的效果。在我多年的幼儿园工作历程中，真正做到和幼儿园保持良好沟通，并积极配合的家长寥寥无几。那些配合较好的父母教育理念都很好且非常耐心，主动和幼儿园老师沟通，积极参加幼儿园的各项活动，他们的孩子各方面都发展得比其他孩子要好。

由于我既是园长，又是家长，所以对家、园合作的体会非常深。讲两个实例吧。我们幼儿园有个小女孩叫晨晨，4岁，是从别的幼儿园转来的。来园的时候，她妈妈对我说："这孩子都4岁了，还是什么事情都要靠我们，吃饭要喂，衣来伸手，出门要抱。我想纠正她这个坏毛病，让她独立点，自己的事情自己做。"我说："没问题，不过需要家长的配合。"妈妈连连点头表示一定配合。

晨晨刚来幼儿园时，确实像一只懒猫，什么都不干，等着老师帮她。比如，开饭的时候，别的小朋友都拿起勺子开吃了，她坐在那里一动不动，等着老师喂；起床时，别的小朋友都自己穿衣服了，她也是一动不动，眼巴巴瞅着老师，等着老师给她穿。刚来园时，我们在生活方面照顾她，给她喂饭、帮她穿衣叠被，让她感受到老师是爱她的，并不会因为她什么都不会干而轻视她。

没多久，晨晨适应了幼儿园生活，我觉得培养自理能力的时机已经成熟，于是就单独和她说："晨晨，老师觉得你很聪明，会很多本领，老师知道的就有画画和唱歌，不知道你还有别的本领吗？"晨晨得意地说："我还会跳舞，还会讲故事呢！""还有吗？"晨晨想了一下，接着说："还会认数字。"我循循善诱："你会这么多本领啊，真厉害啊。今天老师还要教你更多的本领，想不想学？"晨晨一下子来兴趣了，说："想学。"就这样，在我的"诱惑"下，晨晨愉快地跟我学习各项生活技能，没多久就学会了穿衣服、叠被子、收拾餐具等，而自己吃饭她原本早就会了。晨晨每次独立做好自己的事情后，我都及时给予肯定，晨晨更来劲了，慢慢地形成了自己的事情自己做的习惯。

晨晨在家里就是另外一个样子了，因为妈妈爸爸忙于工作，经常要加班，主要是奶奶负责她的日常生活。奶奶还是传统思想，要吃饱，怕冻着。晨晨少吃一点饭，奶奶就要追着再塞点；穿衣服慢一点，奶奶生怕冻着宝贝孙女，夺过来赶紧给她穿上；至于收拾整理就更不用说，说晨晨添乱，怕晨晨打破碗！因为家庭的不配合，晨晨就成了"两面人"：在幼儿园，什么都是自己来；在家，什么都不干！

像晨晨这样的"两面人"并非孤例。我们可以看出，孩子上幼儿园后，主要的教育任务还在于家庭，家庭对孩子的影响要大于幼儿园。那么我们做父母的如何和幼儿园保持良好沟通，做好家、园共育呢？

择园的时候，要选择符合自己教育理念的幼儿园，入园时就教育理念和老师仔细沟通，也借此了解老师的教育方式，交换意见。把孩子的性格特点、习惯、爱好、体质等情况和老师进行详细的沟通，最好写在纸上交给老师保存，让老师尽快了解你的孩子。

　　孩子入园后，定期和老师当面交流，了解孩子在幼儿园的情况，尤其是孩子的情绪、行为习惯、和其他孩子相处等方面，不要简单地询问"学了什么"就了事，实际上很多隐性的东西如性格变化、能力的提高等是无法用语言来描述的，只能靠家长细心观察方能了解。如果孩子是坐校车上学，家长没有机会经常接触老师，可以通过电话、网络等方式和老师沟通。周周入园后，我经常和老师通电话或者当面沟通，向老师了解周周在幼儿园的情况，也和老师反馈孩子在家的情况。有一天，老师告诉我，周周在幼儿园当了小组长，给小朋友摆碗和筷子，几个小朋友就摆几套碗筷，周周做得很好。我很高兴周周能为别的孩子服务，我不仅希望周周在幼儿园能得到比她大的小朋友的照顾，也希望她慢慢学会照顾别人。老师非常赞同我的观点，她们也是这么实施的。就是在这种融洽的沟通中，我和幼儿园老师配合得非常好。

　　关注幼儿园的家、园联系栏并积极投稿，认真填写每期的家、园联系手册，把孩子在家的情况（包括情绪、性格、习惯、能力、健康等方面）详细向老师说明，有什么希望老师配合的地方也可以写下来。譬如周周刚入园的时候，我就在家、园联系手册上面写了，周周的沟通协商能力还有待加强，遇到和同伴间的冲突和矛盾，大多是以哭闹、打、抢夺的方式来解决，希望老师在幼儿园的集体生活中，引导她，帮助她在沟通协商方面得到提高。家长最了解自己的孩子，有任何需要老师配合的，或者希望得到老师指点和帮助的，都可以写在联系手册上，和老师进行沟通，以便老师配合进行引导。

积极完成老师布置的请家长在家里和孩子共同完成的小实验、小游戏或是户外体验（比如，和孩子一起做水变成冰的实验、做手工、观察秋天的变化等）。积极参加幼儿园举办的各项活动，比如六一庆祝活动、家长会、家长开放日、户外亲子郊游、园内亲子活动、运动会，等等。幼儿园需要家长帮忙的地方，比如，庆典活动的摄像、化妆，外出活动的看护、提供车辆等，家长能做到的要尽全力协助。积极参与到幼儿园的教学活动中来，比如，有的幼儿园需要家长给小朋友讲解职业（如医生、消防员等）的特点，家长可以利用自己的优势，积极和幼儿园合作。

总之，孩子入园后，家长的教育重担并没有卸下，孩子的成长需要家长和幼儿园的紧密配合，配合越好，孩子也成长得越好。

☆ 孩子在幼儿园挨打了，家长该如何应对

电话铃响，我拿起一看，是成长小组的晓芸打来的，电话那头的她语速很快：周老师，有个事情得请教你。今天我妈从幼儿园接回萱萱后，发现她左边脸上有一块乌青，于是问她怎么回事。孩子说是被班上的小朋友程程用鞋子打的。听我妈妈讲完后，我让她把电话交给萱萱，我问她，是不是说了让程程不高兴的话，然后他打你了？萱萱说："没有啊，就在我们午睡后，大家穿衣服时打到的，我没跟老师说，老师也不知道的。"当时我有点生气，马上给他们老师打了电话，老师回复说，这件事在我们班绝对不会发生的，我全程都在看着孩子们，如果有发生，我肯定会知道。我们班不会存在暴力事件的。

周老师，你说这个老师是不是太绝对了？一上来就矢口否认，至少也应该去问问打人的同学吧？查都不查，直接说不可能发生。

我问："萱萱伤得严重吗？"

晓芸说：倒不严重，我爸建议我立刻带孩子上那个老师家里去，她不是不承认吗，万一明天那块乌青变淡了，老师还以为我们无理取闹呢。

我觉得冲到老师家里去有些过分了，于是跟我爸说，让我先问问周

老师该怎么办。

我心里大概有数了，孩子脸上的伤只是一点小碰撞导致变青，第二天青色可能消除，说明非常轻微。但家长们很心疼孩子，这是现在许多家庭的特点——把孩子看得太娇贵，孩子的一点点小伤小痛都觉得是个很大的事儿。

我说："晓芸，幼儿园老师矢口否认确实有点武断，我并不赞同她这样的处理方式，但我能够理解她。我在幼儿园工作过多年，我估计她可能担心你找她麻烦——要知道幼儿园一般会对老师进行考核，比如，发生了安全事故扣奖金之类……出于保护自己，她立刻否认了。"

晓芸插话道："是的是的，她们幼儿园就是这样考核的。"

我问晓芸："萱萱的情绪怎样？她介意这个事情吗，她觉得委屈或者受伤吗？"

晓芸说："她倒没有什么情绪，没觉得受伤。"

我笑着说："她不觉得受伤，是你们大人感到受伤、心疼了，认为孩子被小朋友打了受欺负了，吃亏了，对吧？"

晓芸在那头不好意思地笑了："是哦。"

我接着说："小孩子在幼儿园难免磕磕碰碰，如果孩子不觉得受害，那这件事就让它过去吧。如果我们做家长的非要找老师给个说法，后果是什么呢？对于老师来说，她们最害怕一点小事就弄得很大的家长，如果你今天非要找她讨个说法，那么她今后可能会战战兢兢，你们彼此难以再信任对方。一旦家长和老师之间没有了信任，今后还怎么沟通？怎么配合教育孩子呢？对于孩子来说，一点点小伤妈妈就搞得仿佛发生很大事儿一般，你等于在告诉她：你是容易受伤的，任何人都不能碰你。有人碰了你，妈妈找他算账。这样孩子怎么能学会包容、豁达呢？她会更坚强还是更脆弱呢？长此以往，你可能不知不觉中把她养成一个玻璃心的瓷娃娃，一个敏感脆弱、斤斤计较的小孩，这恐怕不是你想要的吧？"

听我这么说，晓芸的情绪缓和了很多："原来还会有这样的结果……这个我还真没想到。周老师，如果是你，你会怎么办呀？"

我笑着说："以前周周也有过被同学抓伤或者推倒的经历，老师打电话给我，我都安慰老师不要紧，幼儿园里小朋友之间打打闹闹是在所难免的。如果偶尔一点小伤老师没发现，我不会打电话给老师。但是如果伤得比较严重，或者屡次受伤回来，我会跟老师沟通，协商如何解决。"

晓芸在电话那头说："周老师，听你这么说，我想我真有点小题大做了，我知道该怎么办了。"

第二天，我收到晓芸的邮件，她在邮件中告诉我，听了我的建议后，她没那么急躁了，挂了电话后跟家里沟通了下，确实觉得我说得对，就让这事过去吧，虽然对幼儿园老师的解释有点不满，但谁还没点过失，孩子本身也没大碍，得饶人处且饶人。

她在邮件中写道：

> 我原本打算特地请假，明天由我送孩子去幼儿园，孩子被打了，老师还不承认此事在幼儿园发生的，我要去为我女儿讨回公道，我要让他们知道，孩子受到了侵犯，简直是在挑战我的界限！
>
> 挂了周老师的电话后，我突然想起我小学时的一段经历。一日体育课，我最怕跳高了，我跟老师说"我害怕"，老师还是坚持要我跳。跳高的装置是由两根竹竿架着一根橡皮筋组成，我要做到起

跳然后越过橡皮筋，在沙坑里落地这一系列动作。由于恐惧，我连沙坑都没跳到，直接落在了围住沙坑的水泥筑成的一道矮矮的围墙上。我的屁股受伤了，十分疼，晚上都趴着睡觉。我不敢跟爸妈说。不过我爸妈还是发现了，然后去学校，找到了教务处的老师，直接举报了那个体育老师。接下来的小学生涯里，我无比惧怕上那个体育老师的课，至今难忘老师看我的眼神，那种冷冷的模样，还在别的同学面前说我娇滴滴的。我记得当时我一点也没有感谢我的父母为我出头，甚至觉得他们很多事，害我那段时间成了老师同学孤立的对象。

所以，还好，我没让萱萱成为第二个我。

后来，萱萱的一席话让我有点无地自容了。我跟萱萱说，下次如果被伤到，都跟老师汇报下，至少那个小朋友应该跟你道歉吧？外婆刚才跟妈妈说，你今天被程程鞋子碰到后，你当时很疼，眼泪都掉出来了，是吗？

萱萱说：我不想告诉老师，因为程程是我的好朋友，我也是程程的好朋友，如果我告诉老师，老师肯定会骂他的，我要保护我的好朋友。而且他不是故意碰到我的，我们只是在比赛谁穿衣的速度快。

听了这番话我既感动又惭愧又欣慰，我的孩子比我大度，还这么善解人意，替别人着想，日后肯定有很多人愿意跟她做朋友。既然孩子都可以包容同学的无心失误，我有什么理由不能包容呢？

晓芸的经历让我想到了这些年来频繁发生的一个现象，在幼儿园、学校、游乐场等公共场所，由于孩子之间的冲突而导致家长发生冲突，特别是游乐场这种场合，经常有新闻爆出，因小孩子抢玩具家长大打出手。这种事情频繁发生的原因一方面是现在的很多家长没有教好孩子，孩子自私自利、不遵守规则，在游乐场横冲直撞、抢玩具；另一方面是家长们普遍都把自己的孩子看得太娇贵了，吃不得一点点亏。不幸的是，有些家长这两方面的毛病都有，自家孩子抢别人玩具不及时管教，但自家孩子吃一点亏就炸了。在这个背景下，在游乐场这种都是陌生人的地方，如果家长情绪激动，就很容易使一个小冲突升级成大事件。

我们都希望孩子有一颗强大的内心，坚强、豁达，但不经意间却在培养着孩子的玻璃心——脆弱而狭隘。这大概是我们这个年代为人父母者需要反思的地方。

☆ 怎样为孩子选择兴趣班

最近这些年来，各种兴趣班火爆并呈现低龄化趋势，很多学龄前的孩子都报了一个甚至更多的兴趣班。我周围的孩子有的学舞蹈，有的学轮滑，有的学书法，有的学英语，有的学钢琴……凡是4岁以上的孩子大多数都参加了一个或多个兴趣班，还有少数两三岁的孩子也报了兴趣班。一个孩子同时赶场多个兴趣班的不在少数，我们邻居5岁的孩子小宇一口气报了5个兴趣班：轮滑、小制作、英语、美术、跆拳道，逢周末就赶场般来往于各培训机构，忙碌得跟小蜜蜂一样，连玩耍的时间都没有了。有媒体报道，一位11岁的孩子5年内上了30个兴趣班，由于压力太大，竟然满头白发！兴趣班原本应该是孩子感兴趣而上，现在却演变成孩子的一种负担了。

名目繁多的兴趣班，让孩子上，还是不上？如果要上，我们怎样给孩子选择兴趣班？

要搞清楚这个问题，我们先要弄清楚一个问题：为什么要给孩子上兴趣班？是培养兴趣，还是看别的孩子都在上，唯恐自家孩子落后？抑或是攀比心理作怪，让孩子琴棋书画样样精通来给自己争面子？

很多家长不知道自己为什么要给孩子报兴趣班，对于孩子对什么有兴趣、上兴趣班有什么利与弊,他们很迷茫。他们只知道别人都在报,自己不报就会让孩子"输在起跑线上",这种危机感让他们很惶恐,索性掏出银子给孩子随便报一个班。这是盲从。

有的家长则爱攀比,前面说的小宇,他妈妈给他报了5个兴趣班,小宇奶奶心疼孩子负担太重,几乎没了玩的时间,劝小宇妈少报几个班。小宇妈反驳:"孩子不学习几门特长怎么行?别家孩子都在学,一个个能唱会跳、能写会画的,就咱家孩子带出去什么都不会,让我们面子往哪儿搁呀!"这样的家长不在少数,眼见别人的孩子会唱歌、会画画、会识字、会钢琴什么的就沉不住气了,也想让自家孩子多学"特长"。每个孩子都有自己的特质,有自己的优势,何必和别人去攀比?孩子在这种情况下勉强上兴趣班,也许给家长争了面子,丢失的却是孩子的学习兴趣,还会让孩子学会攀比和虚荣。

还有一类家长给孩子报兴趣班"目标明确",他们是为了让孩子日后具备一定的竞争优势,不管孩子喜不喜欢,高考能加分的就报。比如,让孩子学习美术、音乐等就是为了以后参加考级、加分,为升学增加优势。有的家长急于看到成果,看到孩子喜欢画画,就想让孩子能拿出像样的作品;孩子喜欢舞蹈,就想让孩子能上台表演;孩子喜欢乐器,就想让孩子能演奏名曲。孩子做任何事情,过程很重要,只要孩子保持浓厚的兴趣,持之以恒地去做某件事,出成果是早晚的事。功利心太强了,结果会适得其反。

让孩子拥有一两门特长是好事,所以有适合的兴趣班可以帮孩子报。但是,如果家长的心态过于急迫和功利,容易让好事变坏事。况且,现在的兴趣班五花八门、良莠不齐,大多注重技巧学习,有些兴趣班是超前教育，对孩子弊大于利，我们还须谨慎选择。

　　6岁以前的孩子主要任务是构建自我，养成良好的性格和品格，家长要保护孩子的创造力，而不是让他们学习各项技能。很多兴趣班迎合家长急于看到成果的心理，培训内容就是学习技巧。比如，有些美术班就是学习各种美术技法。周周很喜欢画画，经常一画就是两个钟头，我原本打算给她报一个美术班，但是我考察了多家美术培训机构，试听过他们的美术课之后，发现现在的美术班基本上以教"画画技巧"为主，评价孩子的画以"像"与"不像"为标准。有的美术班声称教育理念是培养孩子的想象力和创造力，但是在实践之中很难做到，还是传统的教法。在这样的课堂上，孩子可以学习到技巧，但是他的创造力和灵气可能就被毁了。对于6岁前的孩子来说，保护创造力比什么都重要，至于画画的技巧，到孩子大一些再学也不迟。与其把孩子送去学习"技法"，不如让她在家里自己涂鸦，思想和心灵都不受束缚。

　　有些兴趣班纯粹是迎合部分家长望子成龙、急功近利的心态，搞超前教育，揠苗助长。这种不符合儿童身心发展规律的兴趣班有害无益。比如，珠心算，我的小侄女晓晓所在的幼儿园让她们学习了珠心算，但晓晓算10以内的加法还不如3岁多的周周，每次都要先说一句"把1记在心里"。我问她为什么要把"1"记在心里？晓晓说老师这么告诉她的，她也不知道为什么要把1记在心里。我想大概是在进位和退位的时候要记住进了"1"，学习加减法难就难在进位和退位，要让孩子理解进位和退位，就要让孩子理解每个数位上的数字表示的数值，比如，个位上的3是表示三个1，十位上的3是表示三个10，百位上的3表示三个100……孩子理解了这些，就知道他每次借的"1"表示的数值都可能是不同的，这样他才真正地理解进位和退位，而只要掌握了进位和退位，你让孩子做几千、几万、几十万的加减法都没有问题了。

所谓的"珠心算"，就是珠算式心算，就是老师引导孩子在脑袋里想象有一个算盘，老师给出加减运算题后，他就在心里形象地拨动那个虚拟算盘，然后根据算盘珠的位置报出最后的数字。即使数报对了，孩子们对于十、百、千、万的概念也是不明白的，完全是机械地记忆。这对于他今后的数学学习一点帮助都没有，而家长却被孩子表现出超出其年龄的运算能力这一表象蒙蔽了。珠心算让孩子知其然不知其所以然，背诵那些口诀，然后在脑子里把算盘的珠子记住。在孩子还没明白加减法意义的时候，通过背诵大量的口诀，让孩子得出计算的结果。孩子尽管算出结果了，但他根本不懂这个结果是怎么得来的。

更有某些识字班，声称可以让孩子在3个月内学会1000～2000字。这种突击式的灌输法让孩子背上沉重的负担，对识字失去了兴趣。识字，对于孩子来说其实不难，只要孩子进入文字敏感期，对文字非常感兴趣了，在日常生活中抓住孩子的兴趣点，结合实物教孩子，孩子在玩耍中就轻轻松松学会了，没有必要送到识字班去"突击"识字。

那么，我们如何给孩子选择兴趣班呢？

☆ **第一，要符合孩子年龄段的特点，凡是提前学习、揠苗助长的兴趣班不要上。** 6岁前的孩子不要上学习技巧的兴趣班，要注意保护孩子的创造力，因为学习知识技能是很容易的事，而孩子的创造力是成人没法教给孩子的，一旦被破坏就难以补回来。

☆ **第二，要尊重孩子的意愿，在孩子感兴趣的基础上，根据孩子的天赋来选择。** 如果孩子上的兴趣班不是他所感兴趣的，那就是一种痛苦。我有一次在幼儿园接周周的时候，看见和周周一样大的一个男孩子，原本在教室里操作教具，玩得挺开心的。老师突然过来提醒他该去上跆拳道课了，男孩的眼圈红了，一边流泪一边说："我不想学跆拳道。"那种不情愿、被迫的样子我记忆非常深刻。我们要根据孩子的兴趣报班，不要把自己的意愿强加在孩子头上。有的家长问，我也不知道我孩子喜欢什么、有什么天赋，怎么办？其实如果我们能细心观察孩子，不难发现孩子的兴趣所在。比如，孩子专注于画画，一画就是一两小时甚至大半天，这样的孩子可以试试美术班；语言能力强的孩子可以学英语；有音乐细胞的孩子可以学乐器、舞蹈；逻辑、数理型的孩子可以学围棋、象棋；运动能力强的孩子可以学乒乓球、足球、篮球、游泳等。

☆ **第三，在满足前两条的基础上，然后再选老师，看老师的教育方法是否科学。**前面说过，不适当的教学方法会扼杀孩子的创造力，毁灭孩子的学习兴趣。曾有位妈妈告诉我，她女儿以前很喜欢跳舞，于是报了一个舞蹈班，上了一段时间课之后，女儿打死也不去了。一询问，原来是老师在训练孩子压腿的时候，使劲将孩子的腿往下压，孩子痛得惨叫，从此惧怕上舞蹈课。学习舞蹈的确要练基本功，而且也需要磨炼孩子能吃苦不怕累，但老师还是让孩子循序渐进比较好，不宜用力过猛、急于求成。所以老师是不是懂孩子、有没有好的教学方法非常重要，找到好老师等于捡了一块宝。在周周7岁时，终于找到了非常好的美术老师，当时我们的感觉是"如获至宝"。

最后，不要贪多求全。给孩子选兴趣班，应坚持"适量"原则，让孩子拥有一两门特长是好事，但是，把所有的好东西都加在孩子身上，孩子会不堪重负。同时期给孩子报的兴趣班最好不超过两个。而且，一旦选定了兴趣班，就尽量让孩子坚持下去，不要半途而废。

✿ 孩子报的兴趣班坚持不下去怎么办

在成长小组课堂上，一位学员提了一个问题，说儿子报了游泳课，前面几次欢欢喜喜地去，但后来不想继续学下去了，而且这种事情发生好几次了，都是刚开始兴致勃勃报个兴趣班，后来坚持不下去，半途而废。她的问题是：我是否应该要求儿子坚持下去？如果应该要求儿子坚持，我应该怎么做？

我也遇到过这个问题，周周去年报了游泳班，开始积极性非常高，每天向我汇报，会憋气了，会浮起来了，会蹬腿了，会换气了……可是当她得知要进深水区的时候却打退堂鼓了，她说她害怕在深水区里沉下去，不敢去，所以她不想继续学游泳了。

在学习特长这件事上，我不赞同"400耳光打出钢琴神童"，逼迫孩子苦练技艺，但是我也不赞同让孩子完全凭兴趣来决定是否继续学习某项特长。因为不论是学习游泳、篮球、足球、羽毛球等体育技能，还是学习乐器、舞蹈、画画等艺术特长，孩子都是凭着兴趣开始（家长强加意志除外），而要长期学下去，就必须凭借意志力了。没有哪一项技能是完全凭着兴趣舒舒服服、轻轻松松就可以学好的。钢琴要一遍一遍地练，很枯燥；舞蹈基本功练习很辛苦，还有些疼痛；各项体育运动要挥洒汗水，更是辛苦。其实又何止是学习特长是这样呢？各行各业，但凡要取得一点点成绩，不都需要付出努力、经历磨炼、反复钻研和学习吗？哪里有又轻松又舒服光凭兴趣就能做好的事情呢？

我们去看那些在各个领域取得成就的人，不论是世界冠军还是钢琴家、商界大佬还是科学家，无一例外都有一个共同的品质：坚持不懈、不轻易放弃。达·芬奇画鸡蛋就画了3年；马云中考考了两次，高考考了3次；莫言年轻时退稿信像雪片飞……如果他们中途放弃，就不可能有日后的成就了。一个人要有所成就，必须坚持不懈地努力，否则必定一事无成。

坚持的内核是忍耐，能忍耐枯燥、乏味、不适、劳累、压力、挫败……现在的孩子耐受力普遍比较差，吃不得苦、耐不得劳、受不得委屈，一遇到困难和失败就想放弃。这个与现代家庭物质条件提高、日子过得舒服又缺少磨炼有关，我们家长要在生活当中多多锻炼孩子的耐受力。

回到孩子报兴趣班的问题。常常看到一些孩子，兴趣爱好广泛，要学这个，要学那个，但最后都没坚持下来。常有家长痛定思痛说，再也不随便给孩子报班了。孩子因着感兴趣开始报班，中途放弃真是遗憾，浪费钱财、时间和精力不说，还养成半途而废的习惯，做事不能善始善终，这恐怕才是最大的损失。

在选择兴趣班时，事先可以让孩子尝试一段时间，看看孩子是否是真的喜欢，而一旦选定了，就要鼓励孩子坚持学习下去。孩子打退堂鼓的原因可能是多样的：有时是遇到困难了，比如，周周游泳害怕进深水区；有时是失去了新鲜感，反复练习觉得枯燥了；有时可能是总练不好有挫败感了。我们可以先倾听孩子，了解孩子不愿意坚持下去的原因，然后再有针对性地鼓励孩子继续坚持，不要半途而废。

周周那次不肯再学习游泳，我听了她的担心后，表示理解，因为我曾经在深水区被淹过，虽然沉下去只有几秒钟，但足以令我心有余悸了。我对她的恐惧感同身受，我也看到一些孩子在进深水区时狂哭，我很理解孩子在面对自己不可控的、未知的、有危险的事情时那种恐惧和担心。我鼓励她去试试，并告诉她，教练会一直在旁边跟着，万一沉下去教练会立刻拉她起来……几番犹豫和激烈的思想斗争之后，最后她去了，几次呛水后终于学会了在深水区游，越过这个难关后，她坚持了下来。

不管孩子是什么原因打退堂鼓，我们都要试着站在孩子的角度去理解孩子，对他们所遇到的困难、麻烦、挫败、担心表示理解。但是，这种理解不要强化孩子心里负面的东西，不要让孩子更软弱，然后再给孩子打气，鼓励孩子挑战自己。**我们的拦路虎往往不是外界的困难、挫折、麻烦，而常常是我们自己。孩子是否能坚持下去，很大程度上取决于父母的态度。父母态度摇摆，孩子多半难以坚持；父母态度坚定，并鼓励打气，孩子咬咬牙就坚持住了。**

最后，再强调一次，"兴趣"只是敲门砖，"坚持"才是走向成功的梯子。

✿ 哪些早教产品对孩子不好

一次在思思家玩，周周对思思的中英文学习机产生了兴趣。这种学习机有很多张卡片，内容有日常用品、颜色、车辆、各种职业的人物形象等，每张图片都用中文和英文标注。使用方法是先插上卡，孩子用手点，学习机就会发声，比如，点到"红色"的图片，学习机就会说"红色"，点到"红色"的英文单词，学习机就会说"red"。学习机还有测试的功能，可以检测孩子是不是掌握了。具体办法是，学习机提问："小朋友，请问'红色'的英语怎么说？"此时孩子必须点"红色"的英语单词"red"才算正确，学习机发出语音回应"恭喜你，答对了"；如果点"红色"的图片，学习机就会说"又错了，真可惜"。

周周玩了一会儿，得到的答复总是"又错了，真可惜"，因为她根本不认识英语单词，而要让这个学习机说"答对了"，就必须认识英语单词，注意是"认"，不是"读"。这个中英文学习机根本不需要孩子"读"英语，只需"认"英语。同样，思思得到的也是"又错了，真可惜"。

看到这里，我觉得这个产品有问题，这个东西对孩子弊大于利。

弊端一：学龄前儿童学习英语应该强调口语，强调"读"，而不是"认"。只要给孩子适合的语言环境，比如，家里有人说英语，或生活在英语环境中，哪怕孩子一个字母都不会认，孩子自然会说英语。而这个机器只会让孩子认，不会读。弊端二：打击孩子的自信。哪怕孩子会说相应的英语，但孩子不会认字母，他得到的就是一遍遍的"又错了，真可惜"，这会让孩子感到沮丧和挫败！弊端三：摧毁孩子的学习兴趣。没有成就感，只有挫败感，孩子能有学习兴趣吗？

我把这几点和思思妈说了。思思妈说："难怪这个学习机买回来没多久思思就不感兴趣了，听你这么一分析，真是有道理。"我说："可不是，赶紧别让思思玩这个了，下次也别随便给孩子购买早教产品。"

现在市面上的教育产品好的不多，坏的真不少。

有次，带周周在小区玩的时候，遇到一位6岁的小女孩，她得意地告诉我，她会背加减乘除法口诀了，说罢就开始背诵起来，果然背得非常流利。待她背完，我笑着问："3乘9等于多少呀？"女孩回答："18。"在场的大人们哈哈大笑起来，小女孩替自己辩解，她会背、会写、会读，就是不会做（题目）。我温和地对她说："其实你可以不会背、不会写、不会读，会做就行了。"接着我问了几个10以内的加法题，女孩要通过扳手指头才能答出，而同龄的孩子大多是不需要扳手指头了的。光记住不理解，这种口诀记住又有什么用呢？我问女孩的妈妈，孩子是跟谁学的，妈妈说是看碟学的。如果一个教育产品，不论它是书、碟片，还是早教机或者App，**如果它只教孩子"知其然"，而不教孩子"知其所以然"，这就不是好的教育产品**。一个好

的教育产品应该能够引发孩子思考,而不仅仅是灌输给孩子知识。

再说下玩具。现在的玩具种类可多了,让人眼花缭乱,会说话、会眨眼睛、会唱歌的洋娃娃,昂贵的电动摩托车、电动汽车,还有什么枪、车啊等。有些玩具买回去几天,孩子便不感兴趣了,扔到一边,没过多久又要求买新的玩具。如此反复,买一大堆玩具,真正能持久感兴趣的却不多,浪费钱不说,害处还挺多。害处一:孩子不能对玩具维持持久的兴趣,三分钟热度后就扔到一边,不利于孩子的专注力。害处二:对于不喜欢的玩具,孩子就不会爱惜,而且因为很容易得到新的玩具,孩子会不懂珍惜,不仅不珍惜玩具,甚至会发展到不珍惜任何东西。害处三:无限制地买玩具让孩子不知道适度,不懂得自律。害处四:物质的过度满足让孩子不懂得体恤父母。一个小孩5岁时闹着要父母买玩具,倘若得不到改善和教训,他25岁时可能会闹着要父母买房子、车子。

玩具不在多,在于精。那么,怎么给孩子挑选玩具呢?不要买那些参与性不强的、傻瓜式的玩具,比如,会走路的机器人、会转圈的狗狗之类的,这样的玩具除了给孩子看看以外,没有什么别的玩法,自然孩子的新鲜感过了就会丢到一边。我们可以选择参与性强的玩具,这类玩具孩子会反复琢磨,玩很久都不会生厌。譬如,积木类,这类玩具变化很多,只要孩子想得到,几乎都可以拼插出来,可以培养孩子的动手能力、思维能力、创造力。还有拼图、数独、七巧板之类的玩具,让孩子思考,能够持续玩很久。还有运动器械类的玩具,如单车、滑板车,能锻炼运动能力以及手、脚、脑、眼的协调能力,并且发展孩子的动作,锻炼身体。

五花八门的教育产品、图书及玩具让家长眼花缭乱，但是符合孩子心理特点、于孩子有益的产品需要睁大眼睛找，你挑选的时候要仔细甄别，谨慎购买。如果买得不好，不仅浪费钱，还会误导你的孩子。

第二章

如何读懂孩子的心

　　孩子未来的人生路上一定会遇到各种各样的拒绝，包括熟悉的和不熟悉的人的拒绝，以及来自友情和爱情的拒绝。在孩子幼年时体验一下来自好朋友的拒绝，遭遇一次好朋友的孤立，未尝不是一件好事。引导得当，孩子完全可以以平常心来看待朋友的"拒绝"。当然，在遭遇朋友拒绝的时候，首先还是应该积极想办法赢得友谊，如果经过努力后还是不能赢得，也要以平常心来坦然面对。

✫ 当孩子遭到拒绝时，也是不可浪费的成长机会

我正在写稿，突然手机铃声响了，是思思妈打来的。她说："你快来吧，周周在这里哭，很伤心呢。"我问："是怎么回事呀？你们能解决吗？"思思妈说："我们解决不了，你快点来吧。"

事情的经过是这样的：周周、乐乐和思思在卧室玩，过了一会儿，周周出来了。乐乐和思思在屋里将门反锁，周周去敲门，乐乐和思思在里面唱："不开不开就不开，妈妈没回来。"周周说："我是小兔子妈妈呀，快开门吧。"乐乐和思思还是不开门。周周到客厅看了一会儿电视，乐乐和思思还是不开门。周周外婆说："周周回家了啊。"乐乐打开门，一看周周没回家，又把门关上了。这个过程中，周周就有些不高兴了，但是还没有哭。后来，乐乐在屋里抱思思，不小心把思思摔到地上，思思哭起来了。乐乐打开门，拿了三盒旺仔牛奶出来，一盒给思思，一盒给自己，说另一盒要收起来留着明天自己吃。乐乐奶奶叫她拿一盒给周周，乐乐不肯。周周去拉乐乐的手说："乐乐，我和你是不是好朋友呀？"乐乐甩开了周周的手，周周就开始哭了。乐乐奶奶说："乐乐你不给周周牛奶喝，阿姨下次不会让你到周周家去了。"乐乐听奶奶这么说，不高兴地打奶奶，仍然不肯给周周牛奶。周周外婆说：

"周周，外婆带了钱，去给你买一盒旺仔牛奶好不好？"周周哭着说："不好，外面的牛奶不好喝。"周周执意要乐乐的牛奶。

思思妈说完这些后，把电话给了周周。电话里传来周周的哭声，她泣不成声地说："妈妈……我要……旺仔牛奶。"我说："你等着妈妈，妈妈就过来。"放下电话，我换衣服出门。我给周周的社交规则是：自己的东西自己支配，别人的东西要经过允许才能拿，别人不愿意不可以强求。周周懂得这一点，在外面从来不乱拿或乱要别人的东西，如果想要别人的东西，她都会先询问，如果别人不同意，她会坦然接受拒绝。可这一次为什么在乐乐不愿意的情况下，她仍坚持要乐乐的牛奶呢？我想，周周拒绝到外面买牛奶，说"外面的牛奶不好喝"，而非要乐乐的牛奶，这可能表明，她在意的不是牛奶，而是乐乐的友情。一直以来，她把乐乐当成最好的朋友，在她的心目中，乐乐的位置非常重要，表面看是周周一定要拿到乐乐的牛奶，背后是她一定要得到乐乐的友谊。在她看来，乐乐和思思躲在卧室里不开门，把她关在外面，这是在孤立她。而乐乐给思思牛奶，不给她牛奶，这在她看来，意味着乐乐更喜欢思思，不像以前那么喜欢她了。这让她有种被人拒绝的挫败感，在感情上一下子难以接受。

据思思妈说，看到周周当时的伤心样，外婆都掉眼泪了。外婆的过度反应估计也增加了周周的伤心。其实，人的一生中总是会遇到诸多拒绝，让孩子体验一下拒绝是一件好事。对于3岁多的孩子来说，她完全可以做到这两点：**第一，有勇气拒绝别人；第二，坦然接受别人的拒绝。这两点是非常可贵的品质，前者意味着有自己的界限，后者意味着尊重别人的界限，知道别人有拒绝你的权利，能坦然接受拒绝，不会因**

为别人的拒绝而嫉恨。

很多人是忍受不了别人的拒绝的，被人拒绝后会产生一种挫败感、嫉恨感。我的一个远亲，他特别不能接受别人的拒绝，包括来自亲人、朋友、同学、邻居等任何人的拒绝。一旦遭人拒绝，他就垂头丧气，觉得别人看不起他，生出一种嫉恨。比如，他找别人借钱，人家不借，他便骂这个人狗眼看人低，发誓再也不跟这个人交往了。或者他求别人办事，别人不给办，他就恨不得这个人马上倒霉。和他相处，大家都觉得是一种负担。他的人际关系非常糟糕，没有真正的朋友，连亲人都敬而远之。

经常有"男友求爱不成，杀了女友"或者"女友被拒，纠缠男友，想不开自杀"的新闻见诸报端，这些人其实就是缺乏"坦然接受拒绝"的心理品质。人与人相处，其感情也是充满变数的，友情和爱情都是如此。那些遭遇感情打击就想不开而采取极端行为的人，缺少坚强的内心和豁达的胸怀，他们无法坦然面对别人的拒绝，容易钻牛角尖，走死胡同。

对于周周，我平时注意引导这方面，对于一般的拒绝，她还是可以坦然面对的。比如，她想借我的裙子装扮自己，如果我不同意，她就放下裙子走了。再比如，在外面玩，她想玩别的小朋友的玩具遭到拒绝，她会若无其事地转而去玩其他的东西。在周周看来，这一次乐乐的"背叛"给她的"打击"太大了。乐乐是那种谦让型的孩子，不跟别人争长论短，和任何人在一起玩，都会让着对方。以前，她一直对周周很好，对周周百般地关心和照顾：周周吃药，乐乐来喂；周周上厕所，乐乐给周周拿纸；唯一的一块蛋糕都分给周周，宁可自己不吃。在周周看来，乐乐从来没有拒绝过她，而今天乐乐突然和思思好上了，拒绝、孤立了自己，这可能让她产生了很大的失落感，我想这可能是让她难以接受乐乐的拒绝的原因。

孩子未来的人生路上一定会遇到各种各样的拒绝，包括熟悉的和不熟悉的人的拒绝，以及来自友情和爱情的拒绝。在孩子幼年时体验一下来自好朋友的拒绝，遭遇一次好朋友的孤立，未尝不是一件好事。引导得当，孩子完全可以以平常心来看待朋友的"拒绝"。当然，在遭遇朋友拒绝的时候，首先还是应该积极想办法赢得友谊，如果经过努力后还是不能赢得，也要以平常心来坦然面对。

出门的时候，我带了两本故事书，我知道周周和乐乐都喜欢看故事书。来到乐乐家，一上楼梯，大大小小一群人都在楼梯口等着。当时的情形是这样的：周周挂着泪水，满脸委屈和伤心；乐乐手里握着一盒牛奶，脸上毫无表情。我什么都没问，只是笑着和三个小朋友打招呼，然后举起手中的绘本说："我带了很好看的故事书哦！"周周接过故事书，乐乐看见故事书，两眼放光，伸手想拿。周周本能地把书藏到身后。我对周周说："乐乐也想看这本书哦。"乐乐迟疑着，不知道该怎么办。周周主动把两本故事书递给乐乐。乐乐接过故事书，把手里的牛奶递给周周。周周接过牛奶，破涕为笑，委屈和伤心瞬间烟消云散。乐乐也开心起来，对周周说："我来帮你插吸管吧。"边说边把吸管插了进去递给周周。

小孩看事物的角度和成人不一样，他们做一些事情伤害了别人，但其实他们并没有恶意，有时只是没有生活经验，不会站在对方的角度来考虑。比如这件事，乐乐和思思并不是有意来孤立周周。我们不要以成人的眼光来揣测孩子，不要过早介入，那样除了加深孩子之间的矛盾之外毫无益处。当孩子遭遇"拒绝"和"孤立"时，如果我们家长都觉得受伤害了，都带上了情绪，那么孩子会更加觉得受伤害。宽广的胸怀使孩子能与人友好相处，斤斤计较会让孩子失去朋友。我们要宽容地对待别人家的孩子，这样自己的孩子才能学会宽容。**坦然接受拒绝是一种宝贵的心理品质，当你把其他孩子对你孩子的拒绝看作孩子成长的机会时，你就会更坦然地来面对这样的问题了。**

经历了牛奶风波后，周周渐渐能接受来自乐乐的拒绝了，比如，乐乐的玩具或故事书不借给她看，她也能坦然地接受，不哭也不闹。周周仍然把乐乐当作最好的朋友，不过，她似乎懂得了：任何人都有权利拒绝她，包括她最好的朋友、最亲的亲人。

☆ 孩子输不起怎么办

周周3岁8个月的时候，喜欢下一种飞行棋，规则是：下棋者可以是两人或三人，从起点出发，谁先到终点算谁赢。玩法是轮流掷骰子，掷到几点走几步。第一局的时候，是我和周周两个人，她先到达，赢了。她又笑又跳，非常得意。第二局，我先到达，周周输了，她接受不了，大哭起来："我不要输，我要得第一名！"真是"得意"时忘形，"失意"时泪奔啊。

我搂住周周，接纳了她"想得第一名"的心情，鼓励她勇敢地面对"输"的事实，问她要不要再来和我下一次。但是周周不敢再下了，她说"我怕输"。见她不愿意下棋，我不勉强，心想下次再找机会。

周周好胜，怕输，早在3岁的时候就初露苗头。有一次她和佳佳、苗苗一起玩赛跑的游戏，规则是这样的：我站在终点，手里拿一根树枝，他们三人从同一起跑线起跑，谁先拿到我手里的树枝就算谁赢。他们的年龄分别是佳佳3岁半，周周3岁1个月，苗苗2岁半。比赛开始，佳佳冲在最前面，周周努力地想要追上佳佳，而苗苗落在最后面。最终佳佳先拿到了树枝，周周瘪着嘴要哭的样子。我问他们："要不要再来一次？"

第二轮比赛，周周又输了，她哭着说："佳佳哥哥又跑赢了，我要得第一。"佳佳爷爷把佳佳叫到一边说："佳佳，你把树枝给周周，你不能参加这个比赛，害得妹妹哭了。"我立刻对佳佳爷爷说："您别这样说，佳佳没做错，是周周的问题。"如果佳佳把树枝给周周，会怎样呢？对周周而言，她需要的并不是树枝，而是"胜利"。如果通过哭就可以获得"胜利"，这岂不是在传递给她一个信息：可以通过非正常途径获得"胜利"吗？这与"舞弊"有什么区别呢？以后她在各种比赛中还会遵守规则吗？而对佳佳而言，他遵守了游戏规则，并通过自己的努力获得了胜利，却要迫于大人的压力，将胜利让给他人，这样对他公平吗？他还会相信规则吗？

每个孩子在刚懂得"输赢"的时候都会想赢，这很正常。须警惕的是，有的家长没有适当引导孩子如何坦然地面对"输"，而是为了孩子的"赢"投机取巧。这样的后果就是孩子真正输不起了。

1996年，我在一家幼儿园当老师。班主任陈老师5岁的儿子小海在我们班就读，小海聪明活泼、争强好胜。有一次小朋友一起玩抢凳子的游戏，规则是：音乐开始，小朋友围着凳子转圈，音乐一停，小朋友赶紧找凳子坐下，每次都会有一个没抢到凳子的小朋友被淘汰。到了最后一轮，只剩下小海和另一个女孩书谊。音乐开始，两人鼓足了劲，盯着那张凳子，都想抢到那张凳子。音乐停，书谊略快一点，抢到了凳子。我宣布：书谊赢得了第一名！小海见自己输了，跑到妈妈面前大发脾气，嚷嚷着"我要得第一名"。陈老师安抚了一阵儿子，说下次再争取拿第一。小海不听，赖地撒泼。陈老师见安抚不住，突然站起身来对全体小朋友说："刚才不算数，我们重新来比一次。"我很吃惊，对陈老师说："怎么能不算数呢？难道我们不要教导孩子遵守规则吗？这样对小海和书谊都没有好处。"陈老师说："你看小海这副样子，拿他没办法呀。"说完，她执意让书谊和小海重新开始游戏。书谊尽管很不情愿，但是慑于陈老师的威严还是来了。小海见又可以比赛了，如同按了暂停键一样立马不哭了。

音乐开始，书谊和小海围着凳子转，陈老师瞅着小海走到凳子前时抓住时机按了暂停键。在妈妈的暗中相助之下，小海如愿以偿，赢得了第一名，他得意地笑了。陈老师当众宣布，今天抢凳子游戏的冠军是小海！小海得意极了，炫耀地看了书谊一眼，那一刻书谊眼眶里饱含泪水。

小朋友虽然表达不出来什么，但是这件事足以影响他们幼小的心灵，他们可能认为：只要有特权，就可以不遵守规则，可以用舞弊的方式来达到"赢"的目的。对于陈老师的儿子来说，今后依仗妈妈的特权，可以凌驾于规则之上，通过营私舞弊达到目的，他今后还能输得起吗？对于书谊来说，今后恐怕不敢相信规则了，因为规则可以不算数。

社会上为了让孩子"赢"，替孩子营私舞弊的家长不在少数。有的父母利用职权，盗用他人身份证和户籍信息，让孩子冒名顶替别人上大学；有的父母给孩子的民族身份造假，骗取高考加分。可怜天下父母心，哪个父母不愿孩子过得好？可是，通过弄虚作假来帮助孩子，这实在是非常短视的行为。因为，你可以帮助孩子暂时的"赢"，造成的结果却可能是孩子一辈子的"输"。营私舞弊还有一个最大的害处，就是扰乱了规则，导致不公。一个无视规则的孩子成不了大器，而一个特权横行、践踏规则的社会将失去公平和正义。

"胜不骄、败不馁"是一种可贵的品质，赢的时候不要得意忘形，输的时候不要灰心丧气，在哪里跌倒就从哪里爬起来，百折不挠，屡败屡战，这样才可能做成一点事情。古今中外的成功人士，哪个不是在一次次的"输"了之后才有"赢"的？

要让孩子输得起，家长首先要摆正心态，不要怕孩子输。自从那次赛跑失利之后，我便特别留意周周是不是输得起，在日常生活中，让周周公平竞争，不让她享受特权，就算是她和我们之间的竞争，我们也不让着她。

譬如，下棋，我不让着周周，所以就出现了本文开头的那一幕。从小让孩子公平竞争，孩子在体验"赢"的成就感的同时体验"输"的挫败感，这样才能坦然地面对"输"的事实，才能输得起。

不过，我当时有些纳闷，尽管我们平时非常注意公平竞争，为什么周周还这么怕输呢？我后来又好几次找她下棋，她都不跟我下了，说"怕输"。

因为怕输就退缩，就逃避，这可不是好现象。我前思后想，终于找到了原因：可能是我们平时喜欢说"谁想得第一名"之类的话，给了她一些暗示，让她觉得必须得到第一名才好，所以她非得第一名不可。譬如，她吃饭磨磨蹭蹭，为了让她尽快吃完，我们就说，谁想第一名吃完啊？这样的例子举不胜举。也许就是我们无心的话，对她却是一个负面的暗示，觉得第一名才是好的，所以她非得到第一名不可。

认识到这一点后，我和家里人沟通好，不要再有关于"第一名"的消极暗示。同时，我也不急于再邀请周周下棋，以免给她压力。缓了几天后，正好晓晓邀请我下棋，其实我很想让周周也参加，但是如果我邀请她，她可能反而会拒绝。于是我和晓晓下棋的时候故意大呼小叫，让周周觉得下棋很好玩的样子，"引诱"她来下棋。果然，不一会儿，她就禁不住诱惑，走过来说她也要参加。

这一次，我仍然不让她，她小心翼翼地掷着骰子，第一局，她第一个到达。看自己得了第一名，周周很开心。晓晓最后一个到达，她很坦然。我说："我看到晓晓虽然知道自己已经输了，但还是坚持把棋下完，输了也不生气。我觉得这里应该给她掌声。"周周跟着我一起给晓晓鼓掌。

第二局，晓晓第一个到终点，周周输了。可能是看到我给输了的晓晓鼓掌，她觉得"输"也不是那么丢脸，这一次她没哭，但表示不想再下棋了。可能她的内心深处还是有些怕输，但是输了没哭已经是进步了。

那一天晚上，我把她这个小小的进步当着她的面记在了日记本上，我写道："今天周周和晓晓下飞行棋，周周输了一局，但是她没有哭，也没有生气。"在结尾的地方我画了一个笑脸。周周不识字，她要求我读给她听，听完她笑了，很受鼓励的样子。

一个星期后，周周和晓晓到户外玩，她们自发比赛，一个骑单车，一个骑滑板车，看谁绕一圈先回到起点。比赛了几十次，每次都以周周的"输"告终。每一次比赛开始的时候，周周使出全身的力气，奋力地蹬着，看得出来她尽了最大的努力。但每一次都是晓晓先到终点，周周没有放弃，也没有减速，坚持骑到终点。看着周周一遍一遍地输，再一遍一遍地努力，我想她暂时是越过那个"怕输而逃避"的障碍了。

要让孩子输得起，我觉得有几个要注意的地方。

✩ **第一，首先家长要接受孩子的"输"。** 如果家长比较功利，对待孩子的态度是一定要"赢"，那么孩子无论做什么都会奔着"赢"而去，接受不了"输"。

✩ **第二，家长要清楚一个事实，无论是游戏、竞赛还是考试，赢的总是少数，输的是大多数。** 你想想一个奥运冠军后面有多少个输了的运动员啊，所以一个人经常"输"是大概率的事情，很正常。最好尽早帮助孩子也来认清这个事实，越早认清这一点，孩子越早知道"输"是平常事、"赢"了是惊喜。

✩ **第三，关注孩子努力的过程，而不是只盯着结果。** 只要孩子尽了全部的努力，即使他输了，也要对他付出的努力表示赞赏。

✩ **第四，对待结果的态度：你可以重视结果，可以努力去争取"赢"，但是你要知道人都是有限的，你不可能掌控结果，有时即使你付出全部努力，你也不一定能赢。** 不论是成人还是孩子，不能接受输的深层原因都是想自己掌控结果，以为靠自己的努力和奋斗就一定能赢。这是不切实际的幻想。所以，你要去教导孩子：我们能做的就是尽自己最大的努力，至于是输是赢不是我们能掌控的，赢了当然好，但输了也不是坏事，我们分析原因，看看在哪些方面还有不足，继续努力就是了。

☆ 不要怕孩子哭，情绪需要释放，也需要自我管控

　　周周在小区花园排队等荡秋千，秋千上有一位10岁左右的男孩在玩。周周等了好一会儿，见男孩没有下来的意思，就着急地问道："哥哥，你还要玩多久啊？"男孩说："我还要玩很久很久。"周周急了，眼泪在眼眶里打转："我想荡秋千了。"男孩没理她，继续自顾自地玩。

　　听说他还要玩很久很久，周周忍不住哭了："我要荡秋千，妈妈，我要荡秋千！"我安慰她说："你再耐心等等吧，哥哥肯定知道公共玩具要轮流玩的，等一下会让给你玩的。"没想到男孩大声接茬："我还要玩很久很久，不让给她玩！"

　　这下炸锅了，周周哭得更厉害了，她边哭边喊："我要荡秋千！我要荡秋千！"我蹲下来把周周揽在怀里，轻轻拍她的背，柔声说："妈妈懂，你排队等了这么久，哥哥还是不让给你，你有点儿难过。"周周点点头。我接着说："要不我们再跟哥哥商量商量？"周周再次哽咽着问男孩："哥哥，给我玩一下好不好？"男孩仍然说："我还要玩很久。"这个回答让周周彻底失望了，再次大哭起来。

　　旁边一位家长看不下去了，让自己的孩子把秋千让了出来，笑着

对周周说："小朋友到这边来玩吧，别哭了，哭了就不乖了。"我笑着说："没关系的，哭会儿不要紧的。"家长很惊讶地看着我："啊？让她哭啊，你可真有耐心。"

哭是孩子表达内心需要、宣泄情绪的方式。孩子不会说话的时候，饿了、困了、害怕了、不舒服了、要妈妈了等生理和心理需要都会用哭来表达。等孩子长大一些，会说话了，生理需要如渴了、饿了、不舒服等会用"说"的方式来表达，而内心的情绪如愤怒、伤心、害怕、委屈、生气仍然会用"哭"来表达和宣泄。我们成人伤心、愤怒的时候不是也会哭吗？如果此时你的亲人无比理智地对你来一句"别哭了，有什么好哭的"，你会不会更生气？即使你心中有千言万语，你是否会跟他诉说？

记得小时候，弟弟最喜欢抢我的零食，那个年代的小孩子一年到头难得吃几次零食，所以每次拿到零食后，我都舍不得立刻吃完，想留着慢慢吃，把享受美味的时间尽量拉长一点，再长一点。但是，几乎每次，弟弟都会迅速把自己那份吃完，然后以迅雷不及掩耳的速度抢走我手中那份，迅速塞到嘴里吞下去，等我反应过来，零食已经到了他的肚子里。而且，无论我怎么防范，他都有办法趁我不备而抢走。每当这种时候，除了揍他几下，我还会哭好一阵子。大人们很不理解，都说这有什么好哭的，他吃都吃了，你揍也揍了，你哭能把零食哭回来吗？没错，是吃光了，我再怎么哭零食也回不来了，但我的委屈和愤怒还在那儿呢。

和成人一样，孩子的情绪是需要宣泄的，也需要大人的接纳和理解。我知道很多家长不知道怎么对待孩子的"哭"。很多家长怕孩子哭，只要孩子哭，他们就会习惯性地说"不哭，不哭"，并且想出各种办法转移孩子注意力，比如，给吃的、给玩的，试图让孩子止住哭泣。有的家长则不喜欢孩子哭，只要孩子哭，他们就会"命令"孩子"别哭了""不许哭"，试图利用家长的权威来止住孩子的哭泣。有的家长则把"哭"和孩子的品质牵扯到一起，一旦孩子哭，马上给孩子戴上一顶"不乖"的帽子。他们认为哭不是件好事，并威胁说"妈妈不喜欢哭脸的孩子"。这些做法迅速解决了眼前的麻烦，孩子很快就不哭了，却种下了日后的麻烦。一方面，他的不良情绪只是被转移了或者被压抑了，并没有释放掉。不良的情绪不及时释放掉，积累多了就要出问题，这就好比高压锅总是不排气，当里面的气积累到足够多的时候就会爆炸。另一方面，孩子也没有在这个过程中学习到怎么管理自己的情绪。

对于孩子来说，他们不会写，不会找人诉说，哭是最简单直接的释放情绪的方式。孩子有情绪哭完就没事了。**孩子哭的时候，不要急于让孩子"止哭"。我们需要先弄清楚孩子哭泣的原因，对孩子表示接纳和理解，然后只要陪着他就行。我们不禁止孩子哭泣，不累加自己的负面情绪给孩子（比如，孩子一哭，你就生气骂人），孩子的情绪很快就会过去。等孩子平静下来，我们可以问问孩子，下次遇到这种情况，除了哭，是不是有更好的方式来解决问题？**

要注意的是，对于孩子要挟式的哭，比如，孩子要买某个玩具，不给买就大哭大闹，这个情况下我们一定要坚持原则，不要因为孩子哭泣就妥协。他一哭你就妥协，你是暂时止住他哭了，但是同时你也是在鼓励他下次不如意时又用哭来要挟你。

另外，这里所说的"不止哭"是指接纳孩子的情绪，而不是鼓励孩子哭，更不是暗示孩子受到了伤害，觉得孩子好可怜，让孩子长久地沉浸在负面情绪中。尤其对于已经会说话的孩子，更应该鼓励孩子用语言来表达自己的需要和情绪，而不是动不动就哼哼唧唧、哭哭啼啼。

✿ 不要以"建立良好习惯"为名，毁掉孩子宝贵的品质

周周和苗苗、乐乐、思思一起爬小区里的那座小山，几个小朋友在一起玩得非常开心。午饭的时间到了，我们该回家了，周周舍不得和小朋友分开，热情地邀请小朋友们到我们家吃饭。周周挨个去邀请："思思到我们家去玩吗？乐乐，到我们家去玩吗？苗苗，到我们家去玩吗？"3个小朋友都欣然接受了周周的邀请，孩子们都不想和小伙伴分开。

3位家长反应不一，思思妈妈非常痛快地答应了思思的要求；乐乐奶奶犹犹豫豫，劝说乐乐回家吃饭，不过在乐乐的坚持下还是同意了；苗苗妈妈坚决不同意。苗苗妈妈起初是笑着劝说苗苗先回家吃饭后再和周周玩，苗苗不干，她就"威胁"苗苗说："那你一个人去周周家。"苗苗说"好"，继续跟在我们的后面走。苗苗妈妈发下狠话说："要是你不讲理，那妈妈下次再也不带你出来玩了，把你关在家里。"苗苗毫不畏惧。见这些招数都无效，苗苗妈妈又想出一招——"利诱"，指着路边的小超市说："妈妈到超市给你买糖吃。"苗苗眼皮都没抬，说了句"那你去买"之后继续跟着我们走。苗苗妈妈没辙了，让了一小步说："那我们到周周家玩5分钟就回家好不好？"苗苗说："好。"

我在一旁看了这个过程，我想苗苗妈妈是不是怕孩子去我家给我添麻烦呢？或者是不是她还有其他事情呢？于是我问她是不是有别的事情？她说没有，就是怕麻烦我。我笑着对她说："咱们不要客套，一点也不麻烦，孩子们在一起，随便吃一点就是。现在我们都只有一个孩子，孩子们太孤单了，她们需要同伴呀，我看苗苗就是不想和小朋友分开呢。到小伙伴家串门、吃饭是孩子之间很好的交往，我们应该支持呢。"苗苗妈妈同意了我的观点，她没有继续阻止苗苗。

苗苗一直比较胆小，不愿意和不熟的小朋友玩，这几个小朋友里面，她跟周周熟一点，就只跟周周玩。苗苗害怕未知事物，比如，月亮、小鸭子、小乌龟等，不敢参加游戏，尤其是有"坏蛋"角色的游戏，比如，大灰狼抓小白兔之类的游戏。她也不敢玩游乐场的大型玩具。苗苗妈妈和我沟通过多次，不明白为什么孩子会这么胆小。我给她的分析是给孩子的自由不够，限制和保护过多所导致。我曾经亲眼看见苗苗的外婆和妈妈以这样的方式对待她，并且用"不要摘花，要不保安叔叔会来抓你"之类的话吓唬过她。我对苗苗妈妈说："只要你们解除过度的保护，不过分限制，给孩子适当的自由，苗苗的胆量会逐渐变大的。"

上楼后，几个小朋友先去洗手。手还没洗完，苗苗妈妈就催促苗苗说："5分钟到了，我们该回家了。"苗苗屁股还没落座，哪里肯回家？苗苗妈妈威胁恐吓一番没用，火噌噌噌就上来了，使出撒手锏，扔下苗苗摔门而出。苗苗委屈地哭了两声，但并不恐惧，妈妈刚出门，她便停止了哭泣。

过了一会儿，苗苗妈妈敲门进来，眼睛瞪着苗苗说："苗苗，跟妈妈回家，你要讲理。如果你不讲道理，下次妈妈再也不带你出来玩了。"苗苗不肯妥协。我把苗苗妈妈拉到一边,小声跟她说:"孩子怎么不讲理了?她只是想和小朋友玩而已。"苗苗妈妈说:"我不想让她养成不好的习惯,一玩就玩疯了,不着家了。这个习惯可不好。"我说:"现在又没有到晚上睡觉的时间,怎么是不着家呢?如果是到了晚上睡觉的时间还赖在别人家,那就真应该带走,可现在孩子只是和小朋友正常交往呀,为什么要阻止呢?"我并没能说服苗苗妈妈,她坚持要把苗苗带走。她把苗苗斜抱在身上,强行把苗苗带出门。苗苗撕心裂肺地大哭起来,一边用力挣扎,一边大喊"我不回家,我要在周周家玩"。不知怎么回事,她那满脸痛苦的表情和挣扎着的小小身躯让我一阵揪心。下楼的时候,苗苗妈妈没忘笑着对我说:"不好意思,麻烦你了。"

苗苗妈妈是大学老师,非常好的一个人。其实她知道孩子胆小,也想去改变孩子,但是她并没有意识到正是自己的某些做法导致了孩子胆小。如果因为有事,或者其他原因,她不能让苗苗来我们家玩,其实她完全可以明明白白地告诉孩子:今天为什么不能去周周家,然后坚定地带孩子回家就行了。这也没啥问题,也不会对孩子有什么不好的影响。但是她并不告诉孩子不能去小伙伴家的原因,而是先后使用威胁、利诱、假装抛弃、强行抱走的手段来对待孩子,这样对待孩子,对孩子和她的关系就只有坏处没有好处了。

现在很多城市家庭都只有一个孩子,他们守着一堆玩具孤单地长大,他们需要同伴和友谊,需要和小伙伴们你来我往地串门、玩耍。这和我们成人亲朋好友之间走动没什么不同。在这个案例中,苗苗就是这种正常的社交需求,很遗憾被妈妈以"建立良好习惯"的名义给掐掉了。还有多少这样的家长，一边担忧孩子胆小、不合群、不会交朋友，一边又一不小心阻碍了孩子和小伙伴的正常交往呢？

有个妈妈曾经问，她还是非常支持孩子去小伙伴家里玩的，不过孩子常常在别人家玩得不愿意回家，碰到这种情况该怎么办呢？在支持孩子和小伙伴正常交往的同时，我们也应该给孩子必要的界限。比如，可以和孩子事先约定好几点回家，到时间后请孩子遵守约定，按时回家。如果孩子不肯，甚至哭闹，妈妈必须强制带孩子回家。既给孩子交往的自由，也须给孩子必要的规矩，这样孩子才不会任性。

☆ 读懂孩子的潜台词才能更好地爱孩子

一个阳光灿烂的上午，周周和苗苗在小树林玩，她们随着音乐一起自编自舞，动作笨拙但很可爱，两个人跟着节奏，扭呀、蹦呀、跳呀，非常开心。我拿出相机拍下了这一幕。苗苗妈妈一边看视频一边笑，苗苗走过来好奇地问："在看什么呀？"苗苗妈笑着说："看你的丑样子呀！"苗苗的笑容瞬间消失了，眼圈也红了。

苗苗妈其实是觉得孩子们的动作很可爱，她只是在打趣孩子，但苗苗听不懂玩笑话，她当真了，在她看来，妈妈说她丑，她就是真的丑。苗苗妈很爱孩子，但她不了解孩子"不懂玩笑"这个特点，无意中"刺伤"了孩子。

像苗苗妈妈这样跟孩子开玩笑的家长还真有不少。文文爸爸逗文文，爸爸把你卖掉好不好？文文以为爸爸真的会把她卖掉，非常害怕，伤心地哭了很久。晓晓的姨妈逗晓晓，妈妈生了弟弟，妈妈以后只爱弟弟了，不会爱你了！晓晓恐慌了好久，以为妈妈真的不爱自己了，几个月后还追着我问"妈妈到底爱不爱我"。很多成人因为爱孩子而逗孩子，但他们不懂孩子，这种爱便成了伤害。

"可怜天下父母心！"大家都相信天下几乎没有父母不爱自己的孩

子，可什么是爱呢？爱是理解、尊重和接纳，理解是爱的前提，如果你不懂孩子，那么你给孩子所谓的"爱"不是真爱，而可能是以"爱的名义"实施的伤害。

曾有位妈妈着急地问我，我家孩子3岁了，我教他识字，教他认了很多遍都不会，是不是他的记忆力很差呀？要么就是他不上心？

我说，应该不是孩子记忆力差，也不是他不上心，很可能是你错怪他了。

这位妈妈吃惊地看着我说，为何这么说呢？

我说，万物均有定时。早教不是"提早教育"，是要让孩子在适合的阶段做适合的事。你的孩子还没有到学习识字的时候，你在这时候去教他，他当然不会有兴趣去记。提早教育就是揠苗助长，会扼杀孩子的学习兴趣。等孩子大一点，他对认字表现出兴趣或需求时，你再教他，他会很快学会的。

这位妈妈恍然大悟，自责地说，我还责备过儿子"怎么这么傻，怎么老是教不会呢"，你看，我都对儿子干了些什么！

我说，是的，为了让儿子更优秀，你让他学习知识和技能，孩子学不会你着急，一着急你就骂他。你的出发点是好的，但是这些否定的话对孩子确实有杀伤力。所以，有时候我们以为是为了孩子好，是出于爱孩子才去做某些事、说某些话，但是孩子感受到的可能并不是爱。

她内疚地说，你说得对，我确实没搞清楚什么才是真正的爱。我们很爱儿子，我甚至可以为他付出我的生命。我总是把最好的留给儿子，可他似乎并不领情。他要什么我都给他买，玩具堆在屋里都放不下了，可是他每次玩不了多久就扔到一边了，没过多久又闹着买新的，买回来又不爱护，好好的玩具玩不了几次就坏了。就这样还不能说他，我们一说他，他就对我们大喊大叫。动不动就哭闹，搞破坏，有时我下班回家，想休息一会儿，看看报纸，他就在旁边捣乱，把报纸撕掉或者把我们从沙发上挤开，搞得我们不得安宁！儿子还特别逆反，"不"字常挂在嘴边，讲什么都不听，偏要和我们对着干，有时真是让人抓狂！

我对她说，或许你需要更多一些了解你的孩子，如果你了解他，弄清楚了他这些"不可理喻"的行为背后的原因，你应该就不会抓狂了。

据我了解，这个孩子平时由外公外婆带，爸爸妈妈陪伴的时间不多。为什么妈妈看报纸的时候孩子要不断捣乱？这是因为孩子一整天没看见妈妈了，他希望妈妈能陪他一起玩，但妈妈没有关注他，于是他通过捣乱来获得妈妈的关注。为什么孩子闹着要买玩具而买回来又扔一边？这是因为孩子容易被新鲜事物所吸引，当时很喜欢不代表会长久喜欢，如果家长无节制地给孩子买玩具，孩子便不会珍惜——因为越容易得到的东西就越不懂珍惜，所以他不爱护玩具。孩子和大人对着干，可能是因为孩子的家人喜欢威胁恐吓甚至打他，我之前好几次看到这位妈妈威胁孩子说"你再不回家，妈妈就先回家了""如果你不听话，妈妈就再也不带你出来玩了"等，这样的威胁会给孩子带来不安，同时也可能将孩子逼向逆反。

我分析了这些，然后对她说，我们只有和孩子建立了很好的关系，才能影响到孩子，不然即使我们说的是对的，孩子也不愿意听。和孩子建立好关系，就需要去多陪伴孩子，这样你有更多机会去了解孩子；当孩子觉得我们理解他、愿意倾听他时，他就愿意和你走近，这样你说的话他才会愿意听。

当我们在抱怨孩子不听话、逆反、倔强、胆小、自私的时候，我们应该想一想：孩子的这些问题从何而来？从何时开始？为什么会这样？孩子的问题大多数是我们教育不当所致，倘若我们只是从孩子身上找原因，只期待孩子改变，而不从自己身上省察反思，恐怕孩子难有真正的改变。

☆ 怎样引导孩子驱除"甩锅"的天性

有一天，几个小朋友在游乐场玩，琪琪不小心碰到了头，"哇"的一声哭了。外婆连忙跑过来，一边拍打着游乐设施一边安慰琪琪："外婆打玩具，是玩具不好，撞到我宝宝了，宝宝不哭了哈。"但是琪琪还是哭。外婆又说："别哭了，我们下次不走这里就不会撞到了。"说完拉着琪琪的手就要离开这个"是非之地"。

周周看见了，弯着腰从玩具下面钻了过去，对琪琪说："我没有撞到！"言下之意是告诉琪琪，要像她这样弯着腰从玩具下面过，就不会被撞到了。

孩子碰了头，家长却要打玩具，这是蛮多家长会做的事情，他们以为这样可以安慰孩子，让孩子停止哭泣。所以孩子摔倒了，他们打地板；孩子撞到凳子，他们就要打凳子……仿佛打了地板、玩具和凳子就能让孩子消气。打完后便带孩子避开，而不去分析原因，也不去想办法如何避免被撞/摔。

我知道这些都是家长们的无心之举，他们或许并没有深入想过这样做对孩子有什么影响，他们只是想着怎样赶紧让孩子不哭了。其实，在孩子的成长过程中，他们不可避免地会有失误，如碰头、摔跤什么的，每一个失误都是历练和学习的机会，孩子可以学习到如何解决问题、避免失误再次发生。如果我们意识不到这一点，唯恐孩子出现错误，一旦出错，就退避三舍，那么孩子就失去了成长和学习的宝贵机会。这还不是最严重的，更严重的是，家长把失误的原因归到"玩具""凳子""地板"等物件上，玩具、地板在那儿可是一动没动，它有什么责任呢？这给孩子传递了一个极坏的信息：这不是我的错，都是别的东西（别人）的错，我不必为这个失误负责任。这样的直接后果是：出了问题后，孩子不会从自己身上找原因，而是把责任推卸到别人身上或环境上。他们长大成人后，如果没有特别的改变，他们可能凡事不会从自己身上找原因，只会怨天尤人，所有的错都是别人的错，他自己没有问题。

有一个和我一起长大的小伙伴，30多岁了，一事无成。他在生活、工作中处处碰壁，不过他没有反思过自己有哪些方面不足。他既没学历又没技术，只能干些力气活，可他偏偏想找体面高薪的工作。接连碰壁后，他冲父母发脾气："都怪你们，舍不得花钱给我找个好工作！"嗯，在他看来，只要父母肯花钱就能帮他找到好工作。所以他的逻辑是他找不到好工作的原因是父母不给力。

有一次，他的摩托车没上锁，放在家门口被偷了。他大发脾气，怪岳母不给他带孩子，要他在家带孩子，导致他不能去上班，所以他的摩托车才会停在家门口，才会被偷走。如果他去上班，摩托车就不会丢了。我听了他的这番说辞啼笑皆非："你这是强盗逻辑，你不给自己的摩托车上锁，停在哪里不会丢呢？与你的岳母有什么关系呢？"和妻子吵架，理总是在他这边，错总是在妻子那边……

他这种性格可以追溯到童年。我还记得小时候，他摔了跤，他奶奶总是走过来一把抱起他，心疼得不得了，又是吹又是摸的，然后把地板狠狠地踩上几脚！和哥哥打架了，不管问题是不是出在他身上，奶奶总是护着他。每次出现问题，家里人都不会帮助他找出真正原因，而总是有意无意归因于别人或者环境。如此，他学到的归因模式就是推卸责任——所有的错都是别人的错，我没有问题。

也许你觉得这个案例太极端，但事实上，跟他类似的人并不是少数，只是程度不同而已。你看看新闻，再环顾一下周边，你总会看到这样的人。前几年有条被热议的新闻，说一家动物园，在猛兽区立了警示牌，上面写着"内有猛兽，禁止翻越"。有个人却不信邪，偏偏要翻过去，然后果然被猛兽攻击了，家属却要找动物园索赔。看，这家属就是这号人，在他们的认知里，错都是动物园的，动物园就该赔。

其实，人的本性出于趋利避害，天生就是愿意推卸责任的，出了问题都不太想承认是自己的原因，而是归因于别人或者环境，这样自己就不用被责罚了，多安全。你去看看那些很小的小孩子，几个小孩子在一起，如果打碎了一个花瓶，你去问，谁打碎的？他们大概率会本能地反应说，不是我。不用教，孩子生来会推卸责任。

孩子天生喜欢推卸责任，如果我们在孩子失误/出错的时候，把孩子的失误归因于别人或环境，那就是帮助孩子推卸责任了，孩子就是在这样"打玩具、怪板凳、都是姐姐不好"的日常细节中一次次地强化"都是别人的错，都是环境的错，原因不在我"，从而失去了学习反思和担当的机会，推卸责任就成了他人格中的一部分。

那么，具体我们该怎么做呢？当孩子出现"失误""错误""失败"的时候，我们不要急于指责孩子，你一指责孩子，孩子就更加不敢承认是自己的过错了。你也不要只顾着解决眼前的麻烦，比如，让孩子赶紧不哭了，赶紧收拾残局什么的，眼光要长远一些，看到孩子的成长过程中出现错误实在是难以避免的，这不是坏事，孩子正是在一次次的错误中学习解决问题。有这种积极的眼光之后，你看待孩子的失误/错误的角度就不同了，你的心态也不一样了。然后，孩子闯祸了一般有情绪的，如果孩子有害怕、愤怒、悲伤、内疚等情绪，你要先接纳孩子的情绪，安抚他，抱抱他，等他的情绪慢慢平复。平静后，你再和孩子一起来分析原因，你可以问孩子几个问题：

发生了什么事情？

你觉得为什么会发生这个事情呢？

我们能做什么来补救吗？

要怎样才能避免今后再发生这种事情呢？

下面我来讲一个具体的例子。

有一次我正在屋里忙着，突然听到周周在外屋"啊"的一声，然后大哭起来。我赶紧跑过去，看到她满脸痛苦地站在门边哭，我连忙抱着她问："发生什么事了？"她边哭边说："我被门夹手了！"我一看，可不是，食指上有一块青紫色的夹痕，还好不是太严重。我蹲下身，轻轻摸摸被夹的手指，吹吹气。周周哭了一会儿慢慢平息了。我问她："刚才你是怎么夹到手的，能不能演示一下给妈妈看？"她抓着门边去关门，我明白了。我对她说："你看看你抓着门边，当门合拢的时候你的手就会被夹到，对不对？"我一边说，一边手抓着门边示意给她看，她点了点头，于是我又问她：

"你想一想，要怎么样关门才不会夹到手呢？"周周一脸茫然。我提示她："如果你的手抓着门把手就不会夹到，你试试。"我边说边示范关门，周周试了一次，果然没夹手。她一下来兴趣了，反复开门关门，又想出另一个办法：可以用手推门的中间部位。我朝她竖起大拇指："不错不错，下次知道怎么关门了吧？"周周点点头笑了。

人生路上谁没有失误？失误不要紧，关键是能从失误中反思，找出失误的原因，总结教训，避免重复相同的失误。有句话叫作"吃一堑，长一智"，就是指一个人掉到沟里，就应当总结经验教训，下次不掉进这个沟里了，这就是长了智慧。你孩子这次掉沟里了，你不帮他找自己的原因，反而推卸责任，怪这里不应该有一道沟，那么下次他可能又会掉到这个沟里。

掉沟里不可怕，可怕的是下次又掉到同样的沟里，更可怕的是这样的归因模式：掉沟里不是我的错，是别人的错，是沟的错……

✪ 当孩子犯错时，家长切勿埋怨

　　一天晚上，我带着周周在小区花园玩的时候，看见一位妈妈领着约5岁大的男孩急急匆匆走了过来。忽然，男孩不小心摔了一跤，妈妈回过头提起孩子，大声呵斥道："怎么不小心点，这么大了，走路都不看路！自己摔的，还好意思哭！"因为天色暗，我看不见男孩的表情，但是听得出男孩哭声里的委屈和愤懑。

　　我说："这个小孩有点可怜，摔疼了还要被责骂。"旁边的露露爸爸听到了，笑着问："那该怎么样呢，难道要表扬他？自己的失误，自己要承担后果。"我说："他摔疼了不就已经承担了后果吗？当然不需要表扬，但也不要'火上浇油'。孩子这个时候又疼痛又感到懊恼和沮丧，妈妈的责备不就是火上浇油吗？其实大人不火上浇油的话，孩子很快就没事了。"露露爸爸说："你说得好像也有道理，之前露露摔倒哭了，我也是像这位妈妈一样说的……"

　　为什么孩子摔跤会受到家长的指责呢？一方面是家长心疼孩子，另一方面是家长不能忍受孩子犯错，如同这位妈妈，觉得儿子"这么大了"，走路不应该摔跤了。

　　不仅是摔跤，孩子尿裤子也可能招来指责。我们小区的齐齐妈向我抱怨，齐齐真是越大越不懂事了，原来尿湿裤子都会告诉大人的，现在尿湿了都不会说了。而且，被大人发现尿湿裤子后，她会讨好地对大人笑，或者转移话题。我问齐齐妈："是不是孩子尿湿裤子后大人批评过她，让她产生了恐惧和紧张心理？"齐齐妈说："外婆因为她总是尿湿裤子很烦躁，骂过她。"我说："那就对了，本来孩子尿湿裤子很正常，孩子对大小便的控制能力较差，往往感觉到要拉就已经拉出来了。外婆的责备让齐齐感到紧张，尿湿裤子后因为怕挨骂不敢告诉大人，她害怕大人不高兴，所以来讨好大人。"齐齐妈连连点头说，正是这样的。

周周两岁多的时候也经常尿湿裤子，有时外婆嫌麻烦会数落她几句，她会说下次不尿湿裤子了，要先脱裤子再拉。我安慰她说："没关系，你是小孩，小孩尿湿裤子很正常啊，妈妈小时候也尿湿过裤子呢！"听我这样说，她才释怀了。直到3岁多，周周还偶尔会尿湿裤子，但是我没有因为这个责备过她。尿裤子这种"失误"，是孩子能力未及而导致，并非孩子存心犯错，需要家长接纳和包容，不要苛责孩子。

在孩子的成长过程中，会有各种失误随时发生，家长不同的态度会导致不同的结果。指责、羞辱和粗暴会令孩子陷入恐惧、压抑甚至憎恨；包容、理解和鼓励会让孩子心存感激，反思自己，避免下一次失误。

我自己也有亲身体会。还记得小时候，我妈妈管我很严，对我的要求可以说是"苛刻"。我的老家在农村，在那个物质贫乏的年代，一件衣服、一双鞋子对于我们来说都来得不容易。大概是5岁的时候，我到小河边洗衣服，不小心被河水给冲走了一件，那是妈妈刚给我做的新衣服！我吓坏了，很沮丧、很害怕，也特别后悔。回到家，我如实告诉了奶奶，奶奶训斥了两句并"威胁"我："看你妈回来不打死你！"时隔多年，我仍然记得当时那种恐惧和焦虑。我躺在院子里的竹凳上，辗转难安，呆呆地望着对面的小山坡（因为妈妈在山那边干活），我既害怕妈妈回来（怕挨打挨骂），又盼着她回来（因为迟早都要回来的），这种矛盾纠结的心理折磨了我足足大半天！傍晚时分，妈妈终于回来了。看到她回来，我反而有种解脱了的感觉。果然如奶奶所说，妈妈劈头盖脸将我一顿臭骂！骂的内容记不清了，但是当时那种委屈、恐惧和焦虑的心情至今记忆犹新。其实在衣服冲走的那一刻，我就为自己的失误而后悔不已，如果当时妈妈给我的不是责骂，而是宽慰，我该会多么感激。

那么，孩子犯错后，我们具体该怎么处理呢？要做到三点：一是包容孩子的错误；二是想办法补救，无法补救的，应该让孩子承受自己的错误行为所带来的后果；三是引导孩子想办法避免重犯类似错误。

周周2岁10个月的时候，她在客厅喝牛奶，我在卧室上网。忽然听到杯子坠地的声音，我本能地大声问："怎么啦？"周周略带哭腔地说："妈妈，对不起……"我走到客厅一看，牛奶泼得到处都是，流了一地，而周周坐的小椅子上也成了个小水洼，周周整个屁股坐在牛奶里。周周满眼都是泪水，满脸的惊恐和内疚："对不起，我不是故意的。"我的心一下子变得柔软起来，周周喜欢喝牛奶，现在牛奶洒了，她喝不到了，这对她就是承担后果了。我连忙把她搂在怀里，轻轻地说："没关系，妈妈知道你不是故意的。"周周点点头。我接着说："我们一起来把弄脏的地方清理干净，然后还得想个办法，要怎样才不会把杯子打翻呢？"周周擦干眼泪跑到厕所拿拖把，笨拙地把地板拖干净了，我则把桌子、椅子给抹干净了。接下来是想办法的时间了，我在杯子里盛满水，周周端坐在椅子上，把杯子放在桌子上，试了好几次，她知道要一只手握住杯子的把手，另一只手扶稳杯子才不会打翻杯子。

3岁8个月的时候，周周看见橱柜上的蜂蜜，踮起脚去拿，蜂蜜是刚买回来的，对她来说很重。周周一边拿一边说："妈妈，我要吃蜂蜜。"话音还未落，她一只手没拿稳，瓶子掉到地上，摔碎了。周周看着满地的蜂蜜和玻璃碎片，镇静地跟我说："妈妈，我没拿稳，我把它打扫干净。" 这可能是她在用行动表达她的歉意和该负的责任吧。我问她："需要妈妈帮忙吗？"周周说不要。我说："我们还是要想想，要怎样拿才不会打破蜂蜜瓶子呢？"周周略做思考，说："要两只手捧着才不会打翻瓶子。"我说："这真是个好办法，下次就这么拿。"我们不怕孩子犯错，但是每次犯错后都要想办法避免下次又犯相同的错误。

孩子的错误在成长过程中随时可见，需要我们包容和适当引导，切忌指责和埋怨孩子。对于一个有自尊的孩子来说，如果他知道自己错了，心里已经后悔了，这时父母的宽容会让他心存感激，他会主动反思自己。如果这时父母指责甚至打骂他，孩子就会觉得羞辱、难堪，甚至会吞噬掉孩子心里的愧疚，使他对自己的错误反而心安理得起来。另一种情况是，指责可能让孩子为了逃避犯错而不敢尝试，有的孩子犯错后为了逃避打骂，甚至学会了撒谎。

以上所说的都是没有主观故意的错误（或失误），需要家长包容甚至宽慰。但是，对于孩子故意犯错（尤其是屡教不改的错误）就要严格管教了。比如，打人、朝人吐口水、虐待小动物、说谎等，要引导孩子辨别是非，弄清什么是对什么是错，让孩子知道自己错在哪里，并帮助孩子改正。

☆ 要以孩子的视角给孩子面子

周周两岁半的时候，我们一家去逛超市。周周一进超市就兴高采烈、手舞足蹈，一边好奇地到处看看、摸摸，一边像小鸟一样叽叽喳喳说个不停，脸上洋溢着快乐。不一会儿，我正在看货架上的商品，周周爸走过来对我说："刚才周周差点儿跟别人走了，那个人穿着跟我差不多的衣服，也推着购物车，周周准把他当爸爸了！"

真是太可爱了，我们俩哈哈大笑起来。笑着笑着，我忽然觉得有什么不对劲：咦，那只快乐的小鸟怎么不出声了？我们转过头一看，周周趴在购物车上，小脸涨得通红，眉头皱得紧紧的，眼睛盯着地板，一副闷闷不乐的样子。莫非是我们惹她生气了？我赶紧说："爸爸妈妈不是嘲笑你，也不是责怪你，是觉得你可爱才笑啊。"她爸爸也忙安慰她。可我们越说，周周越不高兴了，小脸憋得通红，对超市里的任何东西都不感兴趣了，任凭我们怎么逗她她都不笑了。莫非是不舒服？我摸她额头，不发烧呀。周周爸说："算了，我们随便买点东西早点回去吧。"

走出超市，周周看到肯德基，说要去吃肯德基。我们跟她解释钱在超市都已经花光了，不能去了。她没有闹，情绪好多了。上了公交车，她活跃起来，又开始叽叽喳喳说个不停。我趁机问："周周，刚才你不高兴是不是因为爸爸妈妈说你跟别人走啊？"她点点头，我们终于弄清了原因。

孩子出生后到1岁多，只有初级情绪，比如，快乐、悲伤、愤怒、恐惧等；到了两岁左右，孩子就出现了次级情绪，比如，害羞、尴尬、内疚等；随着年龄的增长，还会出现嫉妒等更为复杂的情绪。显然，周周发现自己认错人后感到尴尬，而我们的说说笑笑让她更感难堪，觉得很"掉面子"。我设身处地想了一下，假如是我在超市认错人，把别人当成我的丈夫，去牵他的手……哇，那我也会尴尬死了。

这么一想，我马上理解了孩子。刚刚我们的那些解释其实站不住脚，什么觉得她可爱才笑啊，不是嘲笑她啊，这并不能缓解她的尴尬，只是为我们自己的津津乐道找借口而已。说到底，我们还是没有把孩子当成一个大人一样去尊重。

很多时候，我们以为孩子不懂什么，在孩子面前说话肆无忌惮，并不考虑那样会让孩子产生什么样的感受，对他有什么影响。其实孩子并不是什么不都懂，他们也要"面子"。比如，有些家长特别喜欢"人前教子"，碰到熟人，家长总会督促孩子：快叫人呀！倘若孩子没叫人，他们就会教训孩子：快叫人，不叫人是没礼貌的孩子。仿佛这样才能在别人面前挽回一点儿面子。其实，这对孩子来说是一件很没面子的事情，这种感受和我们成人当众被人教训一样，你希望别人当众批评你，还是私底下来跟你说呢？如果我们当众教育孩子，孩子会觉得面子扫地，他可能产生抵触心理，就算你说的是对的，他也不会听了。那如果孩子当众犯错，我们该怎么办呢？我们可以把孩子带到一边或者在他耳边小声跟他讲，这样孩子一般会比较容易接受。

有的家长在孩子面前说话比较随便。有一次周周在外面画画，雯雯跑了过来，带着笑意看着周周画画，很感兴趣的样子。我笑着问："雯雯，你也想画画吗？想画就和周周一起画吧。"雯雯的外婆随口说："她会画个×，别浪费纸了！"雯雯脸上的笑意一下子不见了，一副非常黯然的样子。看得出来，外婆的这句话还是挺让雯雯受挫的。虽说孩子小，但他们能感受到我们成人的言语态度是尊重、欣赏、信任的呢，还是隐含着不尊重和轻视。

我们常常觉得孩子是自己生的，好像就是自己的私有物品，可以随意支配、随便打骂。孩子不是父母的附属品，他是一个独立的个体，应该获得我们的尊重。一个高自尊的孩子才会自爱、自信，而一个低自尊的孩子会认为自己不好，怀疑自己，丧失自信。而且，尊重是相互的，如果我们不尊重孩子，那么我们也可能难以获得孩子的尊重。

✩ 有的孩子为什么专注力差

朋友带孩子来我们家玩，孩子很活泼，但是我发现他特别坐不住。他就像一只小猴子，似乎对屋里的一切都充满兴趣，这里翻翻，那里摸摸，一会儿玩一下积木，一会儿摸一下娃娃，一会儿拿起一本书……他对每一样都感兴趣，但对每一样的兴趣都不会超过3分钟。整个屋子里的东西都是他的目标，在手里拿着这一个东西的时候，同时又被下一个目标所吸引。

对孩子过于"活泼"，朋友有点担心，她说，孩子坐不住，做什么事情都是3分钟热度，不能专注地做一件事情。

我问朋友："孩子有没有一项活动能兴趣持久一点呢？"

朋友说："暂时还没发现，他最喜欢去公园喂鸟，但也只是玩一会儿就嚷嚷着要出来。有一次在公园捞鱼，刚开始的时候，他非常兴奋，嚷嚷着要捞鱼。可爸爸交了钱，他却捞了不到2分钟就奔向另一个玩具。他不管玩哪个玩具，都不会超过3分钟。"朋友担心他今后上学也坐不住就糟糕了，那老师讲的课哪能听进去啊。

我问朋友："导致孩子不专注的一个原因是孩子的专注行为常常被打断。不知道你们家是不是有这个情况呢？"

朋友想了想说："这个是有的。孩子两岁半以前是在乡下由奶奶带大的。老人根本没有'不打断孩子'的意识。比如，孩子正专注地玩积木，到了要吃饭的时间，奶奶就会打断孩子，催促孩子吃饭。反正不管孩子在做什么，奶奶都可能随时叫孩子'喝水''尿尿''吃饭''叫人''出门'……"接着，朋友也反思了自己，他们同样不懂，以为小孩子做个什么没什么大不了的，在孩子专心玩的时候，他们打断孩子也是经常发生的。

我说："小孩对感兴趣的事情能够保持一段时间的注意力，这个时候如果我们常常打断他的专注行为，那就可能会破坏他的专注力。"

大家都知道专注的重要性，即使最不懂教育的家长也知道孩子要专注才好，不然上课都不能认真听讲……我们希望孩子专注，但是常常不知不觉地破坏孩子的专注力。比如，在孩子专注地玩沙时，我们会催促"回家吃饭了"；孩子专心地看一本书时，我们叫孩子添一件衣服；孩子在认真地搭积木时，我们叫孩子去喝水，或者去上厕所……并不是说在孩子认真玩什么的时候我们就不能叫孩子做某些事，你偶尔几次打断孩子并不会破坏孩子的专注力，但是如果我们完全没有"不随意打断孩子"的意识，经常性地打断孩子的专注行为，那就有可能破坏孩子的专注力了。

孩子不专注的另一个原因是孩子缺乏自控能力，管不住自己。我们成长小组的一位学员告诉我，她5岁的女儿不论是在幼儿园，还是上兴趣班，上课的时候都会这里抠抠，那里摸摸，要不就会拉拉旁边小朋友的衣服，扯扯别人的头发，总是不认真。她不知道是什么原因导致孩子这样。我问她，孩子是否做任何事情都不能专心？她说，做某些事情还是很专心的，比如，听妈妈讲故事，或者做手工，可以专注较长时间。但是问她是不是不喜欢那个兴趣班？她又说不是，所以不知是何原因。

经过和妈妈的详细沟通，了解到这个孩子不专注不认真的原因是自控力差，虽然孩子喜欢某个兴趣班，但当上课时间稍久一点或者有任何的风吹草动，她就控制不住自己，这里抠那里摸，甚至打扰身边的小朋友。这种情况在小学生里面有一大把，上课的时候做小动作、说小话，还有下座位的。老师们最头疼的就是这种自控力差的孩子，因为不仅他自己没有认真听课，还会影响其他孩子上课。

对于自控力差的孩子，家长需要有意识地训练孩子安静，即使孩子觉得有点枯燥，也要求孩子坐在座位上，不要站起来，不要走动，不要东张西望。对于这类孩子，如果家长平时不训练，到了上小学时你突然要求孩子上课专心，那是非常不现实的。

第三章

学会放手，
才能培养孩子的独立能力

孩子天生好学、敢于尝试，只是我们很多时候无意中阻碍了他们尝试的行为，让他们丧失掉尝试和练习的机会。孩子长大后，当我们抱怨孩子不会自己吃饭、什么都不想干、既懒惰又自私、不爱学习、胆小和脆弱的时候，我们是否想过这一切里边有我们自己的一份"功劳"呢？

✦ 当孩子第一次离开妈妈远行，如何做到不恐慌、不焦虑

　　周周从小是我自己带，3岁多之前没有离开我在外面留宿过。在她3岁10个月的时候，外婆要回老家几天，晓晓热情邀请周周去她家玩，周周开心地答应了。在去之前我叮嘱她："妈妈不会跟你一起去，要是想妈妈了，可以打电话给妈妈。还有，晚上妈妈不在身边，外婆会陪你睡觉。"周周高兴地点点头。送她们上车的时候，周周坐在座位上，愉快地跟我挥手再见。看着车子远去，我有点小小的担心，不知道她第一次离开我远行会不会心慌？

　　那天晚上，我打电话过去，周周在电话里兴奋地说着在外婆家看到的一切，说完便玩去了，似乎没有心慌。少了个小人儿在身边叽叽喳喳，平时热闹的屋子突然安静下来，我竟然有点不适应，忙碌的时候还好，空闲下来时心里空落落的。不过转念一想，这也挺好的，我不是一直希望她走向独立，可以离开我吗？

　　第二天下午，我打电话给周周，她说外婆出门喝喜酒去了，还没有回来。她有些想外婆了，问我为什么还不去接她，说话间带了一点哭腔。

　　我说："外婆可能已经在路上了，你耐心等等。妈妈要过几天才

来接你，你如果想妈妈，可以随时打电话给妈妈。这是你第一次离开妈妈，表现得这么坚强，你是真的长大了呢。"

听我这么说，周周开心起来，在电话那头欢喜地说："妈妈，我今天去挖笋子了。笋子就是小时候的竹子，笋子长大了就是竹子，竹子是一节一节的，有的竹子有一个人那么高。我挖了很多笋子，我不会全部吃完的，会留给爸爸妈妈吃……

"妈妈，小山坡上有野花，野花穿的是绿色的裤子，野花的脸是紫色的（她应该是想表达野花的花冠是紫色的，茎是绿色的），还有黄色的，很美丽，但是不能摘……

"妈妈，在一个小土包上有棵桂花树，恐怕有几百年了……

"妈妈，外婆家有推土机，只有一个轮子（我不解，后来才知道她说的是那种农村用来运谷子的独轮手推车）……"

说这些的时候，她的语调是轻松的，时不时发出咯咯的笑声。我问她："你在外婆家开心吗？"她愉快地说："开心。"

放下电话，我一阵轻松：女儿真的长大了，她可以离开我了，这种离开不是被迫的，不是痛苦的，不是压抑的，而是自愿的、主动的、轻松的、愉快的。她依恋我，但是她也可以轻松愉快地离开我。

我们做父母的都希望孩子能够独立。孩子走向独立的基础是他有稳固的安全感，如果一个孩子从小和父母建立了良好的依恋关系，他获得了稳固的安全感，孩子会觉得父母是可以信任的，继而推及他人是可以信任的，环境是可以信任的，从而慢慢走向独立。

对于培养孩子的独立性，我们容易走两个极端。一个极端是过度保护，家长将孩子保护于自己的羽翼之下，对孩子离开自己非常忧虑。

比如，我们幼儿园的很多新生家长就是这样，孩子刚来幼儿园的时候会哭，不愿意上幼儿园，他们看到孩子哭，就特别心疼，心里的不舍和焦虑全都写在脸上。对他们来说，早上来幼儿园把孩子交给老师是一件艰难的事情，面对孩子的哭泣他们实在是很难割舍，以至于把孩子交给老师后，他们还要站在院门外偷听，或者中途又跑到幼儿园来偷窥，看孩子是不是在哭。有的妈妈、奶奶、外婆甚至和孩子一起哭。连家长都如此焦虑、恐慌，孩子能不焦虑吗？这样又如何能让孩子走向独立呢？我们如果真的爱孩子，就要培养孩子的一种能力，让孩子有一天可以离开我们，独立面对生活。毕竟孩子总归要离开父母，我们不可能一辈子都跟着孩子。

另一个极端是强行让孩子独立。不少家长由于工作等原因，把孩子送回老家，或者放到幼儿园全托。孩子刚开始的时候会痛苦、恐慌、焦虑，但是日子久了，孩子似乎变得麻木了，和爸爸妈妈分离的时候不再哭泣。这时，有的家长还会沾沾自喜，觉得自己的孩子独立性强。有些全托的孩子确实自理能力比较强，但是那并不是真正的独立，这些孩子的内心深处特别缺乏安全感，长期不和父母在一起，他们慢慢对父母变得淡漠，和父母的关系渐渐疏远。很多家长都想培养孩子的独立性，这是正确的，但是独立性的培养必须建立在获得安全感的基础上。如果孩子的安全感没有建立好，强行把孩子推向独立，结果会适得其反。

如果孩子和父母建立起良好的依恋关系，获得稳固的安全感，然后父母放手，不包办替代孩子的事情，孩子自然会一步步走向独立，最终离开父母的羽翼，成长为搏击长空的雄鹰。

✿ 我们是如何阻碍孩子的

孩子天生好学，他们有强烈的好奇心，愿意尝试、热爱学习。只是我们很多时候阻碍了他们尝试的行为，剥夺了他们学习的机会，而做着这一切的时候，我们浑然不觉。

一天下午，我正在卧室忙碌，突然传来周周的哭叫声和外婆的斥责声。周周小脸憋得通红，两行眼泪淌成小河，神情委屈。我停下手头的事，蹲下来问："发生什么事了，告诉妈妈好吗？"原来事情经过是这样的：周周和晓晓想把一台小风扇抹干净，就去厕所用盆接水，晓晓不小心把裤子弄湿了。外婆看见了，斥责她们总是给自己添麻烦（已经换了好几套衣服），就把晓晓拉开，不准她们接水。

我安抚好周周后，带着她俩来到厕所，示范如何接水就不会弄湿衣服。她们小心翼翼地接了水，并没有弄湿衣服，然后小心翼翼地端到客厅，找了两块小抹布开始抹风扇。我又示范如何拧抹布，告诉她们要把抹布拧干，不滴水了才可以开始抹，这样就不会弄得到处是水了。孩子们非常专注地拧抹布、抹风扇，抹完风扇又把家里的所有家具器具抹了一遍。她们一趟一趟拧抹布，爬到凳子上抹门，蹲下来抹沙发，钻到茶几下面抹茶几底，很认真，也很开心。虽然她们拧抹布拧得不那么利

102

索，弄得地板上到处是水，但最后她们自己拿拖把把地板拖干净了。

这是周周第一次抹家具器具，我从头至尾拍摄下来了，事后，外婆看了很开心，说没想到她们抹家具器具那么专注！其实外婆开始的行为就是无意中阻碍了孩子，她的理由是"孩子给她添了麻烦"。我们很多时候会嫌孩子给自己添麻烦而去阻止孩子。比如，孩子想要自己吃饭的时候，我们担心孩子把饭撒得到处都是，要花时间来收拾饭桌地板；孩子出门想自己走，我们嫌他太慢，不如抱着走得快；孩子想自己穿衣服的时候，我们嫌他太慢又穿不好，还不如直接给他穿上；孩子想要洗衣服、拖地板、打扫卫生的时候，我们会担心孩子弄脏弄湿衣服，要给他洗衣服、换衣服很麻烦；孩子想要洗碗，我们会担心他们洗不干净，还可能打破碗，到头来还要我们重新洗……

其实，孩子从两岁左右自我意识萌芽以后，就开始喜欢自己做一些事情，挂在口头的一句话是"我自己来"，还对大人的某些工作如拖地、洗衣、洗碗、炒菜等产生了兴趣。周周也是这样，事事都要插一杠子，刚开始自然是"越帮越忙"的，但是，我还是欢迎她来参与。

有一次，我们吃完饭，在客厅看电视，突然听到厨房传来锅碗瓢盆的声音。我往厨房看去，原来是周周在洗碗，她踩在小板凳上，一只手拿着油乎乎的碗，另一只手拿着抹布，在水龙头下面冲洗着。虽然她并没有洗干净，但是愿意来尝试就是好的，就应该支持她。

不论是孩子自己吃饭穿衣、洗脸刷牙，还是抹桌扫地、洗碗择菜，只要孩子有热情去参与，我们就要支持，并提供适合的条件。孩子刚开始做这些事情都笨手笨脚，经过多次练习后，孩子就能慢慢做好。在这个阶段让孩子学习做一些家务，孩子将养成勤快的习惯，也在这个过程

中学习为家里分担一些家务，学会负责。如果我们因为嫌麻烦就阻止了孩子，那么就阻断了孩子学习的机会，同时也让孩子变得懒惰，只会衣来伸手饭来张口。

有的家长因为担心孩子的安危而阻止孩子。有一次周周在爬杆，爬到很高的地方，已经高过我的头，旁边的露露爸爸善意地提醒我"别让孩子爬那么高，小心摔下来"。我说没关系的，孩子有保护自己的本能，如果她觉得自己没把握，就不会继续往上爬，再说我在旁边保护着呢。有的家长尤其是老人，唯恐孩子磕着碰着，孩子跑快一点，他们就大喊"慢一点，会摔跤"；孩子站高一点，家长会说"那样危险"；孩子看见一条毛毛虫想摸摸，家长吓唬孩子说"毛毛虫咬人"……结果孩子以为身边处处是危险，胆小怕事，不敢尝试新事物。

有的家长担心孩子的冷暖，害怕孩子生病而阻止孩子。孩子穿衣服有些慢，家长担心孩子受凉，拿过衣服帮孩子穿；孩子运动一下，家长喊"停一会儿，出汗了会感冒"；孩子踩踩水，家长喊"别踩，会弄湿鞋"；孩子雨天、雪天想出门玩，家长说"太冷了，不要去"……结果我们的孩子如温室里的花，脆弱不堪，经不得一点风吹雨打。

我们还会因为所谓的成人间的客套和规矩阻碍孩子。比如，我们小区的孩子，很想到我们家来玩，周周也热情地邀请了他们，我也再三表示只要孩子愿意，就让孩子来。但是只有少数家长会让孩子来，多数家长会客套一番，阻止自家的孩子来。

✿ 孩子遇到困难就哭——请停止不必要的帮助

常有家长说，孩子一遇到困难就哭，比如，玩积木、拧瓶盖什么的，只要是弄不好，就会大发脾气，开始大哭。这样的反应绝大部分孩子都有，由于孩子解决问题的能力不足，很多日常小事如穿衣、提鞋、玩积木等，对于孩子都是不小的挑战。大多数孩子碰到困难的时候会哭，他觉得自己做不好这件事情，感到又无助又挫败。只要孩子在哭的时候没有停止尝试，这就是很好的，这比他不愿尝试而直接放弃要好得多。

这时，我们可以安慰他，告诉他做不好是因为他还是个小孩子，力气不够，手还不够灵巧，然后鼓励他，如果他多练习几次就肯定可以学会。这样孩子就知道他做不到不是因为自己差劲，他需要的是反复尝试和练习。有时候孩子尝试了很多次，他还是做不到某件事，那我们也要肯定他，愿意一次次尝试就是最宝贵的，尝试的过程就是有价值的。我们自己要有一个认识，就是孩子愿意反复尝试、不轻易放弃的态度比做成了某件事更重要，前者看重孩子努力的过程，后者只是看到结果，我们这样的态度也会鼓励孩子不断尝试。

但是，有时我们本能地只会注意结果。周周1岁8个月的时候，自己穿鞋，一只已经穿好了，另一只却怎么也穿不进去。她使劲地提着鞋跟，小脸憋得通红，还是没能提上去，她崩溃地哭了。我走过去说："妈妈告诉你怎么穿。"便帮她把鞋穿上了，这一下她哭得更厉害了："不要妈妈穿，自己穿。"边哭边使劲把脚蹭了出来。我意识到自己帮得有点早，于是退到一旁，让她自己穿。她还是在哭，一边哭一边使劲儿穿鞋，穿了好一阵，终于穿上了，鞋跟提上去的那一瞬间，她简直是欢呼雀跃："我穿好了！"眼眶里还噙着泪水，小脸儿却笑得像朵花。此情此景让我瞬间理解了她，她需要的不是"穿好鞋子"，而是"自己穿鞋"，妈妈帮她穿，鞋子是穿好了，但是仍然不是她自己穿上去的，这对她而言有什么用处呢？有什么比通过自己的努力攻克了一个难关更激动人心呢？

孩子通过努力克服困难，成功地做好某件事，他就会获得自信心。如果孩子没有寻求帮助，别人的帮助会让他觉得挫败。

一位网友曾经给我留言询问过类似的问题：

> 今天王雨涵去早教中心上课的时候，幽幽老师拿出七八张大图片，有太阳、金星、天王星、地球、月球等。首先老师说出每张图片的名称，之后叫每个小朋友指出相应的图片（锻炼宝宝的记忆力）。叫到王雨涵的时候，老师让指出地球，雨涵找了一会儿没有找到。老师给予了提示并等待了一会儿，可雨涵还是没有找到。后来，老师直接拿起来告诉雨涵说："这个是地球啊。你来摸摸它。"等雨涵回到我身边的时候，我发现她撇着小嘴就要哭出来了，不过硬憋着没让眼泪掉下来。我抱起了宝宝安慰了一小会儿。

过了一会儿，她又像以前一样和老师一起走红线、一起玩游戏了。也有其他宝宝没有找到相应的图片，不过那些宝宝没觉得怎么样，一样笑哈哈的。为什么我的宝宝会有这种反应呢？难道是她的自尊心太强，或是因为我在生活中无形地给她什么影响了？

这个事例其实和周周穿鞋的事例一样，尽管老师给她时间了，但还是不够，因为孩子在意的是"寻找"的过程，她需要经过自己的努力寻找到目标，而不是老师直接告诉她。老师这么做，在她看来就是对她的否定，那一刻她的心中充满了挫败感，所以她才会哭泣。

这位妈妈问得好，为何别的宝宝碰到同样的情形没觉得怎样，一样笑哈哈的呢？这可能与孩子的性格类型有关，有的孩子大大咧咧，不会关注到这些，所以一样笑哈哈；而有的孩子感情细腻，可能有受挫感。雨涵应该是后面这种情况。**其实在最初的时候，孩子遇到困难时，都想通过自己的力量去思考、探索、克服，如果成人长期过早地帮助孩子，没有给足够的时间让孩子自己解决，那么当孩子遇到困难的时候，他就会依赖于成人的帮助，不愿去尝试和探索，也不去自己思考了，毕竟直接找大人帮忙解决还是更省事。为什么有的孩子解决问题的能力特别差？都是因为大人帮得太多。**

有一位旅居德国的妈妈问我："孩子总是不愿意去尝试新事物，不知是什么原因？譬如，骑单车，骑两下不会骑，他就不骑了；拧水龙头，拧一下拧不开，他就不拧了。"我问她："是不是你提供的帮助和指导太多了？"她说以前是这样的，比如，孩子玩沙，她会帮助他想出各种玩法，其实刚开始孩子玩沙的时候还有很多自己的玩法，但是到后来，如果妈妈不说，孩子就不知道该怎么玩了。这个孩子就是由于妈妈的帮助过多，已经形成依赖，不去尝试了。

有的家长意识到了不必要帮助的弊端，但是有时候克制不住帮助孩子的冲动，尤其是看到孩子完成得不那么好的时候，就忍不住去帮孩子。比如，当孩子笨拙地提起裤子，裤子没有整理好的时候，忍不住帮孩子把裤子整理好；又比如，孩子颤颤巍巍跨小水沟似乎又跨不过去的时候，家长忍不住把孩子抱起来，帮他跨过去。

尊重并肯定孩子所做的努力，哪怕这个结果不太完美。

我还记得周周第一次自己洗澡的情形。那是周周不到3岁的时候，她先把澡盆拖到水龙头下接水，然后换上拖鞋，脱掉衣服，扶着我小心翼翼地跨进澡盆。接着，拿毛巾洗头发，低着头，手艰难地伸到头上，但怎么努力都只能洗到头部一半的地方，最终前半个头洗湿了，后半个头还是干的。接着她开始洗澡，先洗洗脖子，再擦擦腋窝，再在肚子上、腿上象征性地擦了几下便宣告："我洗完了。"

她其实一点都没洗干净，后半个头还是干的呢，身上也就是象征性地擦了几下，手上的污渍也没有洗掉。但是这些不是最重要的，重要的是孩子愿意尝试，**不论孩子将事情做得如何，他们勇敢地尝试、所付出的努力都是宝贵的。**

在孩子看来，不必要的帮助等于成人在对他说：你不行，我帮你。孩子只有通过自己一次次错误和失败的尝试进而解决问题后，才能得到自豪感和成就感，从而建立自信。这比成人对他泛泛地说"你真棒"要有用得多。

给孩子不必要的帮助有三个影响：一是让孩子变得缺乏自信，觉得自己没用；二是剥夺了孩子自己解决问题的机会，长此以往的话，孩子会产生依赖思想，反正有人帮他，所以一遇到困难就想求助，懒得自己想办法解决，这样就势必造成孩子解决问题的能力差；三是因为习惯了别人帮助，所以当没有人帮助他的时候，遇到困难就退缩或逃避。

因此，我们要停止一切不必要的帮助。

当孩子遇到困难时，不要过早介入，按捺住想伸出援手的冲动，先观察、等待，鼓励孩子自己解决。如果孩子哭闹，这是正常的，说明孩子想自己解决而不是放弃。

当孩子已经尽力但仍然解决不了的时候，你再给予适当的帮助，这个帮助也不是你直接帮孩子做了这件事，而是你和孩子一起来面对这个困难，一起想办法来解决，你可以和他分析做不好的原因是什么，要怎么做才能把这件事做好呢？也可以把你的经验告诉他，建议他可以怎么做。

注意，主角仍然是他，你不要喧宾夺主。这就好比，孩子要爬树，但是爬不上去，你可以给他搭一个小梯子，但是爬树还是得靠他自己。如果你直接把他扒拉开，自己爬上去了，这不是帮助，这是替代。

☆ 孩子的自我形象是如何建立的

2010年，我在医院住院时，认识了隔壁床位的夫妻俩，他们是来治疗不孕症的。妻子很希望有个孩子，但她的理由非常奇怪，最主要的理由不是因为自己想要孩子，而是受不了旁人的眼光。她说他们那边就他们夫妻俩没生孩子，别人说三道四以及热情的关心让她受不了。她不满她的老公，说她老公没有主见，对于未来的工作都做不了主，被公公婆婆所控制。譬如，他们想创业，做点小生意，而公公婆婆不允许他们做小生意，觉得儿子好不容易读了大学，堂堂大学生去做小生意，让爹妈很没面子。因为公婆的阻止，她老公坚持不了，放弃了创业，这让她非常生气。

从与这夫妻俩聊天当中，我发现这一家子人都非常在乎别人的眼光，被别人所左右。他们要做什么，或者不做什么，更多是因为别人会怎么看，是不是有"面子"。其实仔细想想，这一家子人不就是我们身边大多数人的写照吗？有很多妈妈跟我说过这方面的困扰，她们说她们很在意别人对她们的评价，受不了别人看她们的异样的眼光，活在别人的眼光里太累了，想挣脱但是无力摆脱。

为什么会这样呢？这是因为我们把自己的自我形象建立在别人对我

们的评价之上。**什么是自我形象？自我形象就是一个人怎么看待自己，注意，是你自己怎么看待自己，而不是别人怎么看待你。在你的眼里你是什么样的人？你对自己满意吗？这就是自我形象。**但是很多人偏偏就把自我形象建立在别人的评价之上，别人说我好，我就觉得自己好，别人说我不好，我就觉得自己不行。那为什么我们会把自我形象建立在别人的评价之上呢？其源头要追溯到童年。

从童年开始，孩子会慢慢去认识自己。他从哪些途径来认识自己呢？他会通过身边的人如父母家人、老师、亲友对他的反馈来认识自己，这个有点儿像照镜子，身边的人就是他来认识自己的一面镜子，谁跟他接触得多，他就照那面镜子最多，受其影响最大。如果孩子从身边的人得到的反馈是，不管他肤色、外貌如何，不管他才艺、成绩如何，他都是被接纳的，他都是宝贵的、有价值的，那么他对自己的认识就是"我是宝贵的、有价值的"。反之，如果他得到的反馈是，他必须要达到某个条件，比如，成绩好、才艺好，或者很乖，他才能获得接纳和认可，或者身边的人有意无意把他和别人家的孩子比较，让他觉得不如别的孩子，那么他对自己的认识就是"我不行，我很没有价值"。

你会看到越小的孩子越不会在乎别人的眼光，但是随着孩子慢慢长大，他开始在意别人怎么看他，这就是在孩子的成长过程中，他从身边的人那里照了很多次镜子，他逐渐从镜子里面去认识自己，去建立自我形象。如果身边的人尤其是父母和老师给他的反馈是不客观的、不积极的，或者要达到某些条件才喜欢他、接纳他，那么孩子就不能客观、准确地认识自己，要么自视过高，要么感到自卑，把自我形象建立在别人对他的看法之上。

比如，一个孩子，他身边的人总是告诉他，他必须考出好成绩才是优秀的孩子，那么他就会把自己的价值建立在"成绩"上，成绩好，他就是有价值的，成绩不好，他就一无是处。再比如，一个孩子，他身边的人总是告诉他，张三李四家的孩子钢琴弹得多好，画画得多棒，字写得多好，要是你也像他一样就好了。那么他就会觉得自己不如别人。类似这样的反馈都会让孩子对自己产生错误的认识，把自我形象建立在成绩、才艺或者别的什么东西之上。所以这样的孩子长大后，他会拼命地来证明自己，通过成绩、才艺、工作、赚钱等来证明自己的价值。但是到头来，即使他们成功了，他们仍然会在意别人的眼光，因为从来没有人告知他，他生来就是宝贵的，他的自我形象建立在这些外在的东西之上，当这些外在的东西不复存在时，他的自我形象也就轰然倒塌了。这就是有些成绩优秀的孩子因为考试没有考好就跳楼的一个重要原因。

孩子认识自己的另一个途径，是他靠着自己的努力做成了许多事情。这一点很好理解，你想象一下，假如你明明四肢健全，但是你每天如同一个瘫痪的人一样，等着别人给你喂饭穿衣，有人为你做好一切事情，你会是怎样的感觉？你对自己会是怎样的认知？你是觉得自己浑身都充满了力量，还是觉得自己像个废物一样？孩子对自己的认知正是这样，当他们只要衣来伸手饭来张口，他自己本来能做的事情全都被别人做了的时候，他会认为自己"不行、不会"。而当孩子能够做自己力所能及的事情，他就产生了成就感和力量感，他会觉得自己还不错，原来他自己可以胜任许多事情。

那么，具体我们可以怎么做来帮助孩子建立良好的自我形象呢？

☆ **第一，我们要无条件地接纳孩子。**告诉你的孩子，你爱他，只是因为他是你的孩子，而不是因为别的什么，不是因为他长得漂亮，不是因为他聪明，不是因为他会唱歌，不是因为他成绩好……仅仅因为他是你的孩子，所以他在你的眼里就是宝贵的。你对他的这种无条件的爱和接纳，不仅仅是口头说说，更要体现在你的行动上。孩子起初是通过你的眼睛来认识他自己，在你的眼里他是什么样子，他就会认为自己是什么样子。

☆ **第二，千万千万，不要把你的孩子跟别的孩子做比较。** 你必须了解，每一个孩子都是独一无二的，他们各自有着不同的天赋才能，如果你拿自家孩子的短处跟别人家孩子的长处比，这实在是最愚蠢的事，除了让你的孩子自卑之外没有任何益处。你也别指望通过"别人家的孩子"来激励自家孩子努力上进，短期内你可能会看到孩子憋足劲要赶超别人家孩子，但是长远来看，你的孩子是在把他的自我形象建立在"超过别人"之上，也就是外在的东西之上，其害处在前面说过，这里不再赘述。相信我，"别人家的孩子"是每个孩子心中的痛，要摧毁一个孩子的自信，"别人家的孩子"绝对是最厉害的武器。

☆ **第三，让孩子做力所能及的事情。** 别把孩子当成废物一样保护起来，啥都替他做了。吃饭穿衣、洗脸刷牙这些基本生活技能，尽早训练孩子学会。再大一点，让孩子学会做家务，洗碗洗衣、打扫卫生、做饭修理等，在适合孩子年龄能力的时候教给他去做。爸妈"懒"一点，孩子就强一点。

☆ "不放手" 是因为家长内心有恐惧

　　我怀周周的过程一波三折。先是先兆性流产，在发现怀孕的第一天，我就发现有褐色分泌物。到医院一检查，医生说是先兆性流产，必须保胎。每天卧床休息，除了上厕所，其余一切都在床上解决，包括吃饭、洗脸、刷牙。这些不算什么，让我感到痛苦的是心里惴惴不安，唯恐胎儿保不住。持续治疗了一个多月、卧床5个月后，终于稳定下来。可好景不长，做孕期检查时又查出前置胎盘，医生说可能会导致早产和大出血，刚刚缓口气的我又陷入惶恐不安。到了孕晚期，我严重失眠，最长一次连续7天7夜没合眼，走路都如腾云驾雾一般，比生病还难受。这么一个艰辛的怀孕过程，折腾得我心力交瘁，有些抑郁了。

　　可能是我孕期身体状态、精神状态都很差，周周出生后身体也特别不好，先是出生15天的时候得了肺炎，被送到医院打点滴，治疗3天后一直没有痊愈，咳嗽不断。后来在她两个月大的时候，突然咳嗽加重，不吃奶、不睡觉、精神狂躁，我们用尽所有办法都安抚不住。第二天我们带她去了省儿童医院，医生给我们下了病危通知，看到病危通知的那一刻，我差点崩溃了。那时她整日整夜地吵，只要我抱着，还必须来回走动，只有这样才能稍稍让她安静一点。看着她痛苦抓狂的样子，我的心都碎了，当时的那种焦虑和恐慌真是无以言表，相信所有做过妈妈的人都体会得到那种感觉。

后来经过住院治疗，周周开始吃奶了，精神也好了很多，只是咳嗽一直没好。出院后周周的身体一直很弱，咳嗽不断，这种状况一直持续到周周7个多月。这两次肺炎把我吓坏了，那时真有些可笑，每次她咳嗽，我都会记着：每天咳几次，每次咳几声。也许是因为极少带她到户外去，一带她到户外去玩，她晚上就咳嗽加重，而且睡觉会哭闹，这就让我更加不敢带她下楼了。这样便形成了一个恶性循环：咳嗽—不敢到户外—体弱—咳嗽。周周的睡眠一直不安稳，晚上要哭闹几次，非要我抱着走动才能安抚住她，我抱着她坐下来都不行，别人抱也不行，估计是得肺炎的时候我们这么安抚她，已经形成习惯了。

我何尝不知道孩子足不出户的危害呢？我何尝不知道孩子照顾得太精细的弊端呢？我何尝不知道要对孩子放手一点呢？但是内心的恐惧把我抓得牢牢的，使我不敢放手。我对周周的照顾无微不至，餐具、奶瓶每餐必消毒，天气突变及时增减衣服，周周只要抓着脏东西往嘴里送我就会马上夺走，就连孩子学爬，我也只是让她在床上爬，从来不敢把她放到地上爬——怕地太凉冻着她，也怕地上有脏东西她捡了吃。因为从来没在宽广的地方爬过，周周10个多月才学会爬，并且爬得很慢。而爬行能力差导致她现在的协调能力较差，这是后话。

周周翻身、爬、坐、扶立等大动作严重落后于同龄宝宝，我担心她是脑瘫（那时我太紧张了）。在她9个多月大的时候，我带她到医院找专家看看。专家问了孩子的一些情况，比如，会不会叫爸爸妈妈，会不会用动作表示"再见、你好"之类的，得到肯定答案后，专家说一般不会是脑瘫，如果实在不放心，就做一下行为检测。我选择了做检测。医生给周周做52项行为检测时我在外面等候（做检测时家长是不能陪同的），一直听到她在哭。不一会儿，医生出来了，对我说："这孩子太胆小了，特别害怕，检测有几项没做完，她不配合，我们也没办法。"最后，专家的结论是孩子不是脑瘫，我终于放心了。做检测的那个医生的话给我提了个醒，虽然我一直知道孩子足不出户、不接触别人的弊端，但是没想到对周周的影响已经是如此之大。

那天晚上，我反思了很久。周周之所以体弱、大动作落后、睡眠不稳、胆小，虽有先天的原因，但是最主要的原因恐怕还是我的心态。我的过分紧张和焦虑导致她没有安全感，所以她睡眠不稳；我过于紧张不敢带她出门，导致她没有机会和外界接触，变得胆小；我过于紧张，不敢带她锻炼，照顾得过于精细，反而让她更容易生病。

那时，尽管我了解一些育儿理论，但是在实践中无法克服内心的恐惧，做起来就走样了。心态对行为的影响真是太大了，难怪很多妈妈都说道理她们都懂，就是执行起来很难。我终于找到了育儿过程中我不放手的真正原因，就是我内心深处的恐惧。和妈妈们一交流，发现内心充满恐惧的妈妈还真不少。孩子一有风吹草动就紧张，孩子稍有不适，哪怕是半夜三更也往医院赶，恨不得孩子的病立刻被"拿"走；不敢让孩子做"危险"的事情，哪怕自己可以提供保护，仍然害怕孩子受伤；看到孩子被小朋友打就感到心疼和委屈，一个箭步冲上去拉开……恐惧导致对孩子不放手，不放手的结果是孩子无法独立、心理脆弱，解决问题的能力和适应环境的能力都比较差。

我开始调节自己的心态。当我感觉开始焦虑的时候，比如，周周生病了或摔伤了，我就记日记，告诉自己这些都是孩子成长过程中的一些小插曲，每个孩子都要经历的，过分紧张是毫无用处的，相反会让孩子变得脆弱。除此之外，我开始了解儿童疾病方面的知识，我发现我对周周生病的恐惧其实是因为对疾病的不了解，比如，发烧、咳嗽、腹泻这些曾经让我紧张万分的症状，其实是人体的一种保护机制；比如，孩子的感冒大多是自限性的，不用药也会好，而滥用抗生素危害巨大；比如，每一种疾病要治愈都有一个过程，不能急于一时……

经过几个月的调整，我的心态逐渐没那么焦虑了，对周周不再像对温室里的花一样去保护她。不再给她里三层外三层地穿；生病时不再那么慌乱，也不会盲目地急着往医院赶；只要不是大风大雨的天气，每天都会去户外玩几小时，鼓励她主动和小朋友交往……那段日子里，我育儿的过程就是与自己内心的恐惧做斗争的过程，我必须时时刻刻提醒自己，不要紧张，不要过度保护孩子。

教育理论掌握得再好，如果内心充满焦虑和恐惧，教育起孩子就无法做到真正放手。

有位妈妈说："各类育儿书、教育理论书籍我看了不少，但是就是管理不好自己的情绪，特别容易'发飙'。譬如，天气降温了，我让孩子加一件衣服，但是孩子不肯。我耐心地和孩子说：'宝贝，天气凉了，不加衣服的话会着凉的。'孩子说：'不加。'我又说：'宝贝，真的要加一件衣服了，不然着凉后一感冒你会很难受的哦。'孩子说：'不加，就不加。'我的火气噌噌噌就要上来了，但仍然拼命忍住：'宝贝，妈妈爱你，妈妈不希望你生病，你加上衣服吧。'孩子说：'说了我不加呀！'我终于忍不住了，插着腰冲孩子大吼：'你加不加？给我加上！'孩子大哭，我大怒。"

看着她绘声绘色地描述，我笑了。这位妈妈接着说："其实，在问过两遍加不加之后，我就已经要发飙了，我想忍，但最后还是忍不住就对孩子发火了。"我笑着问她："是什么让你认为孩子必须得加衣服呢？孩子不加衣服的时候你为什么会那么生气呢？"

她想了一下说："我就是担心她不加衣服会着凉感冒。"我说："我完全能和你感同身受，因为我原来正是你这样的。**当我们心里充满了焦虑和担忧的时候，那么恐惧就会抓住我们，我们做不到真正放手。这个时候我们要处理的是我们心里的焦虑、恐惧。**我们觉得冷，孩子必须加衣服，但是孩子觉得不冷，这个时候你可以问自己几个问题，我觉得冷，孩子就一定冷吗？不一定对吧。孩子不加衣服就一定会感冒吗？也不一定，对不对？万一孩子真的感冒了，是特别严重的问题吗？不是，对吧？"

她连连点头。我接着说："你看，由于恐惧，我们常常把事情的后果夸大，自己吓自己，其实事情根本没有那么可怕。处理完自己的恐惧后，再去处理孩子的问题就容易多了。你可以告诉孩子不加衣服可能会造成的结果——着凉感冒，建议孩子加衣服。如果孩子不想加衣服也不勉强，让她自己去感受感受，一旦孩子觉得冷，大多数情况下会选择加上衣服。如果孩子执意不加衣服，那么可能会感冒，也可能不会感冒。如果孩子感冒了，在孩子难受的时候告诉孩子：'这次感冒是因为你没有及时加衣服着凉了造成的，不过妈妈想你下次知道该怎么做了。'这样，孩子在下一次降温时就知道该怎么做了。如果孩子并没有感冒，你就知道孩子的身体有一定的耐寒能力，那你就更加不用担心了。"

最容易让妈妈们恐惧的几方面，即疾病、安全、营养和同伴冲突。

如果我们掌握相关常识，我们的恐惧将减少很多甚至消除。下面是我的一点小经验：

☼ 关于疾病

1. 大多数妈妈所苦恼的主要是一些常见病如感冒、腹泻等，疾病都有一个病程，就头疼脑热的小病而言，一般头两天开始，三四天加重，到第六七天就偃旗息鼓了。我们不要急于让疾病消失，因为那是违背规律的。

2. 很多症状如咳嗽、发烧、腹泻等都是人体的自我保护机制，不能盲目制止，那样会掩盖和加重病情。我们应该找到病因，对症治疗。

3. 90%以上的感冒是由病毒引起的，用抗生素无效。病毒性感冒是自限性的，不用药也会好。滥用抗生素危害极大，比如，产生耐药性、让肠道菌群失调、抵抗力下降等，不要乱用。另外，退烧药、感冒药、止泻药对孩子的毒副作用也很大，非必要时不要用。但不必完全排斥抗生素，该使用的时候还是要听从医生的建议。

4. 适当的寒冷刺激能增强孩子抵抗寒冷的能力，不要给孩子穿得太多；适当有一点病菌对孩子没有害处，如果把孩子打理得太洁净，反而让孩子不堪一击。

5. 只要孩子的精神尚好，不必急着赶去医院，那样不但会让孩子挨扎针验血的痛苦，还可能增加交叉感染的机会。可以先在家观察，但是注意，精神不好时必须立刻去医院，以免延误病情。

6. 对疾病应该是三分用药七分调理，不能光靠吃药的，孩子患病时要注意饮食、防寒保暖、不要外出游玩。

☼ 关于营养

1. 孩子是饿不坏的，饿了就吃是人的本能，不饿便不会想吃，不要强迫孩子进食。

2. 偶尔两餐吃得较少是正常的，不会引起营养不良。

3. 少吃零食，尤其是有各种添加剂的零食。不过也无须太紧张，偶尔吃几次不至于危害身体。

4. 饮食清淡，低油低盐，用煮、蒸、炖、凉拌的烹饪方式，少用炸、煎、烤、炒的方式。

5. 教育孩子不挑食、不偏食。

关于安全

1. 孩子有保护自己的本能，过度保护会让孩子丧失这一本能。

2. 孩子没有我们想象的那么脆弱，孩子的成长路上摔几跤是很正常的，没摔过才不正常。对于磕磕碰碰的小事故（如摔个包、蹭破皮），不必心疼和紧张，这样只会让孩子变得脆弱。

3. 危险物品应该放到孩子拿不到的地方，防止出现重大安全事故，如烫伤、窒息、误服洗涤剂或药品等。

4. 最大的安全隐患是孩子没有自我保护意识，所以从小就要告诉孩子，哪些行为是危险的，不能做。

关于冲突

1. 孩子在冲突中将学会如何与同伴相处，锻炼其解决问题的能力。孩子间的冲突是有正面意义的，不要过早介入（除非孩子手中拿有器械，或者可以预见到会伤人伤己）。孩子在和同伴的冲突中可以学习怎样和别人协商、沟通，怎样解决冲突。

2. 孩子的世界和成人世界不同，他们之间的打打闹闹大多是没有恶意的，只是在成人的眼光里成了"欺负"。所以，不要怕孩子被"欺负"，不要过早在孩子被"欺负"时挺身而出，这样只会让孩子变得脆弱。如果你总是怕自己孩子被欺负，可能是你太紧张了。

3. 公正地处理孩子间的冲突，像对待自家孩子一样对待别人的孩子，既不要总是叫自己的孩子谦让，也不要总是怕自家孩子吃亏。

因为有了孩子，我们更加深刻地理解了"爱"的含义；因为有了孩子，我们心中多了一份最深的牵挂；因为有了孩子，我们心里充满担心，担心他生病、担心他受伤、担心他没吃饱、担心他受欺负……这种种担心往往会化作深深的恐惧，让我们不能放开孩子的手。我们要做的是克服我们内心的恐惧，这样才能停止过度保护和限制，对孩子真正放手。

✿ 信任孩子——给孩子一个能打破的碗

很多家庭给孩子使用一个打不破的专用碗，孩子进餐就使用这个碗，这样做是避免孩子把碗打破。

周周没有固定的碗，我们一直是给周周使用和我们一样的瓷碗。周周打破过一次碗，那是在大约两岁的时候，周周端着瓷碗吃饭，一不小心，碗掉到了地上。这是周周第一次打破碗，她惊慌地看着满地的碎片，哭了。我宽慰周周："没关系，我们一起来打扫碎片。"

我的宽慰让周周放松了许多，我们一起清理完碎片后，我又给周周拿了一个瓷碗，并鼓励周周自己想办法，要怎样才不会打破碗。周周见我又给她一个瓷碗，笑容回到了小脸上。这一次，她是非常小心地把碗放到桌子上，左手小心翼翼地扶着碗，唯恐再一次把碗打破。在那以后，周周很少打破碗。那些平时用不锈钢碗或者是塑料碗的孩子，由于他们没有使用过瓷碗，所以他没有"陶瓷易碎"的经验，当他拿到瓷碗的时候可能很容易打碎。

在孩子第一次打破碗的时候，可能是由于他们小手的笨拙，没拿稳才会打破。他们打破一次碗后，就会小心翼翼地使用他们的碗，想办法不再把碗打破。倘若因为孩子打破了一只碗就不给他们使用瓷碗，或者根本不给他们机会使用瓷碗，那么孩子感受到的就是家长的不信任。

这种感觉就好比我们成人在单位有了失误，主管便收回那项工作不让我们做了。如果主管再给我们一次机会修正失误，我们会不会感受到主管对我们的信任？我们会不会心存感激，从而更加努力工作，弥补失误？倘若主管不再给机会，而是把事情交给别人，我们是不是会觉得非常挫败，觉得主管不再信任自己？孩子的内心感觉和我们一样，他们能觉察到我们的细小行为流露出的信息，只是他们不会表达而已，但是其影响会留在他们的心里。

我们不仅让周周用瓷碗吃饭，而且让周周帮我们收碗。这件事情在周周两岁的时候就开始了，第一次让周周收碗的时候，我其实有点担心她摔倒，摔破几个碗是小事，倘若让碎瓷片割破脸就糟糕了。我偷偷地跟在周周身后，准备在周周要摔倒的时候随时保护。谁知周周发现了我，把我赶开："不要妈妈保护！"是啊，既然让她收碗，为何又不相信她，还要亦步亦趋地跟着呢？我意识到自己太紧张了，揪着心退到了一边。第一次收碗，周周其实也是紧张而又激动的。她小心翼翼地两手端着碗，慢慢地一步一挪往前走，从餐厅到厨房，只有几步路，周周却走了差不多1分钟！当她踮起脚把碗放到了厨房的案板上时，激动地大喊起来："我成功了！"**如果决定让孩子做某件事，就不要怀疑孩子是否能做好，一定要相信孩子，真正地放手。不要把紧张和担忧挂在脸上。**

不过，在做某些可以预见可能产生危险后果的事情之前，家长一定要事先评估，看看孩子当前的能力是否适合做这件事情，比如，1岁多走路都不太稳的孩子，你肯定不能让孩子去收碗。而且，要交代孩子，应该怎么做才不会发生危险，比如，收碗的时候不能跑，要两个手拿好碗，一步一步看好路，慢慢走。此外，你也要先排除隐患，尽可能避免危险的发生。比如，让孩子收碗，你一定要确保地面不潮湿，孩子的鞋是防滑的，确保地板上没有障碍物，尽量防止孩子摔倒磕伤。

孩子的潜力是巨大的，实践证明，很多事情孩子是可以做到的，只是家长觉得孩子小，没有给他们机会。

周周3岁10个月的时候，对厨房的活非常感兴趣，喜欢上了剥大蒜、切菜、洗菜、炒菜。那时，5岁的小侄女晓晓也住在我家，她们俩一起和我做饭炒菜，我家的案板是成人的尺寸，对于孩子而言太高，周周搬来小板凳，踩在小凳上在洗菜池里洗菜。她先把洗菜盆的塞子塞好，把菜放进洗菜盆，打开水龙头，等水漫过菜叶，她关掉水，从水里把菜叶抖几下捞出来。这些动作非常笨拙，但是她很认真，有条不紊。洗完一遍后，周周问我还要不要洗，我说青菜要洗3遍。周周又洗了两遍。我瞟了一眼，还真的被她洗干净了。

而晓晓，拿个小刮子刮掉土豆皮后，就拿着大人用的真刀（我家有给孩子用的牛排刀，但是那把刀太钝，土豆切不了）切起了土豆。我发现孩子真是太有智慧了，晓晓为了避免切到手，两只手都拿着刀的上方，横着切土豆，而不是一只手拿着土豆，一只手拿刀。看着她费劲地举着一把真刀，我的心真有点悬，担心她万一没拿稳切到手，或者万一失手剁到脚，那把刀可是很锋利的！但是我忍住了担心，眼见着一个大土豆在她的努力下，逐渐变成一个个不规则的小块。

那一顿饭，我们吃的就是周周洗的莴笋叶（也是她自己炒的）、晓晓做的土豆丁汤（大小不一还真不好炒，只能煮汤），放的作料是周周剥的大蒜和葱。吃着自己洗的、做的菜，她们很有成就感，吃得格外香。

生活中，我们通常会听到"别动，这个你不会""停下，妈妈来弄"这样的话，大多数家长不允许孩子做很多事情，譬如，洗头、洗衣服、洗菜、扫地、拖地板、抹桌子等。这是因为家长不了解孩子的潜力，不相信孩子，怕孩子做不好，或者担心孩子发生危险。实际上如果你给孩子机会，让孩子多练习几次，孩子完全可以做好这些事情。但是记得要评估一下，孩子想做的事情要和他当前的能力相匹配。

前面我们聊过，孩子建立自我形象的途径之一是独立做好一件件事情，所以让孩子自己独立做一些事情意义重大。如果你担心孩子的安全，那么你要做的是给孩子创造一个安全的环境，让他能够在一个安全的环境下独立做事，而不是阻挠孩子。如果我们不相信孩子，不给孩子机会来独立完成一些事情，纵然有再多的表扬和鼓励，就算把"你真棒"天天挂在嘴上，孩子的自信心也很难建立起来。

☆ 面对孩子之间的冲突，我们该怎么处理

有一次，我们在一个幼儿园参加亲子活动，周周在独木桥上遇到一个小男孩。那座独木桥只能容一个孩子过去，两个孩子互不相让，结果他们两个都没办法过去。僵持当中，小男孩突然甩手给了周周一巴掌。周周没有犹豫，也没有向我们求助，立刻还击了男孩一拳，速度快得连扶着男孩的妈妈都没有反应过来。那位妈妈怕矛盾升级抱走了男孩，而周周像什么事都没有发生过，继续过独木桥。

那时周周刚满3岁，解决冲突是以抢夺（比如，别人未经允许拿走她的玩具，她会在第一时间夺回来）、还击、哭和求助的方式为主，她还不会去和小伙伴沟通、协商，这是由于缺少她独自解决冲突的机会，没有这方面的经验。对孩子之间的冲突，只要没拿器械，预估不会产生伤害，我不会立刻上前干预，但是大多数情况下对方孩子的家长不等"矛盾"激化，就拉走了自己的孩子。我很能理解他们为什么这么做，他们觉得发生冲突不是件好事，担心孩子打到别人，也担心自家孩子受欺负，于是他们看到孩子和小伙伴发生冲突会第一时间挺身而出，把冲突掐灭在萌芽状态。这样，冲突是立马掐掉了，但是问题来了：由于大人们过早干预了孩子间的冲突，孩子们就没有机会来学习如何解决冲

突了。

其实，冲突并不都是坏事，孩子正是在一次次的冲突之中来学习解决问题以及如何和别人相处的。当孩子和小伙伴之间产生冲突的时候，除了哭闹、抢夺、打人，是否还有更好的解决方式？他可以怎样和别人沟通，一起协商来解决这个冲突？什么情况下他需要妥协？什么情况下他需要坚持？如果孩子有足够的机会来练习自己去解决冲突，那么孩子就会发现，沟通比动手更能解决问题，一味从自己的角度考虑、不考虑别人会失去朋友，孩子的人际能力在这个过程中就得到了锻炼。

有的冲突是孩子能够自己解决的，我们可以尽量让孩子自己解决。譬如，有次我们在草地上玩"老鹰和小鸡"的游戏，乐乐和周周争着当老鹰，谁也不让谁。争执了一会儿，她们都意识到如果她们都当老鹰的话，游戏没法玩，这时周周和乐乐商量："乐乐，要不你先当老鹰，然后再轮到我当老鹰？"乐乐想了一下说："还是先你当老鹰，我当母鸡吧。"两人一商量，问题就解决了。

还有一次，思思来家玩，周周拿出蒙氏教具和思思一起操作，可思思不知道怎样操作，拿走了周周的一块三角形。周周让思思还给她，思思怎么也不愿意，最后周周不知道怎么办就哭了，她边抽泣边说："我不要思思这个好朋友了。"思思不示弱："我要把周周丢到垃圾桶里去！"过了一会儿，周周似乎想通了，拿了一块三角形给思思（主动和解）。思思小声说："谢谢。"

像这种小冲突我们完全可以先旁观一下，让孩子自己去解决。当孩子自己解决不了，或者冲突进一步升级可能发生伤害的情况下，我们就要及时介入，但是这个介入并不是把双方孩子拉开了事，而是要引导孩子来寻找解决问题的办法，教会孩子解决冲突、和人相处，并且要在冲突中看到孩子内心的动机，在品格方面进行引导，而不是仅仅平息眼前的冲突。

举个例子，家里来客人了，客人的孩子和你的孩子在抢一个玩具，眼看着就要打起来了。家长常见的解决方式有以下几种：

第一种，叫自己的孩子让给客人的孩子玩，因为他是客人，要让着他，要招待好他；

第二种，问孩子们是谁先拿到玩具的，谁先拿到谁先玩；

第三种，客人可能走过来，强调玩具是你孩子的，让自己的孩子征求你的孩子的意见，如果你的孩子愿意就可以玩，你孩子不愿意就不能玩。

这三种方式都可以平息孩子暂时的争抢，但是对孩子的品格、能力并没有帮助。家长充当了裁判官的角色，并没有引导孩子想出解决办法。其次，两个孩子抢玩具，内心的动机其实都是只顾着自己的利益，没有顾及对方，本质上都是自私，不论你引导哪一个孩子让，都会让另一个孩子觉得自己的行为是理所当然的，他的自私是合理的。比如，你让自己家孩子让给客人的孩子玩，因为他是客人，那么客人的孩子就会觉得自己在做客的时候抢玩具是被允许的、是正确的。同样，客人引导他的孩子要问过你的孩子，你孩子同意，他孩子就可以玩，你孩子不同意，他孩子就不能玩，这样你的孩子就不会照顾到别人的感受。

更好的方式是，你把玩具暂时收起来，告诉孩子们，你们两个先商量好，看这个玩具该怎么玩，是你们轮流玩呢，还是你们一起玩？如果轮流玩，谁先玩，谁后玩，怎么决定先后顺序？你们商量好了，再来找我要这个玩具。没有商量好之前，玩具我先保管着。这样，孩子要面对的是他们自己协商，彼此都顾及对方一点，才能找出两个人都能接受的办法，这样才能得到玩具，结果是双赢。如果两个孩子都只是顾着自己，那么肯定对方不会答应，结果就是两个人都玩不了，结果是双输。在这个过程中，孩子既学会了协商，也学会了做任何事情都不能只从自己的角度出发去考虑，也要顾及对方。

不过，对于个性强的孩子和个性弱的孩子，不能一刀切，引导方式和侧重点要因人而异。对个性强的孩子，要侧重引导孩子注意友好和谦让；对温顺、柔弱的孩子，要侧重引导孩子懂得自我保护、维护权利。

有家长问："我的孩子性格比较柔弱，要不要让个性柔弱的孩子独自面对冲突？"我的回答是"要"，但是要注意方法。对于柔弱的孩子来说，家长越是一遭遇冲突就冲过去保护，孩子就越是依赖家长的保护。但是，你也不能完全让孩子自己去解决，然后撒手不管，这样会让孩子觉得孤立无助。当个性柔弱的孩子被"欺负"的时候，家长要给孩子自己解决冲突的时间，但如果孩子解决不好，家长就要及时出面给予帮助。比如，孩子和对手的力量相差太远，孩子经过自己的努力不能争取到自己的"权益"，家长就要出面干预。但是这个干预不是拉开孩子了事，如果你只是拉开孩子，到此结束，那么你的孩子还是没有在冲突中学到什么。

你可以做三件事：

☆ 第一，要对双方孩子强调规则，譬如，孩子被打，你要告诉孩子："不可以打人，打人是不对的。"

☆ 第二，鼓励孩子勇敢地设立界限，保护自己。先安抚你的孩子，等他情绪稳定后，鼓励他向打他的小朋友勇敢地说出自己的感受和想法。

☆ 第三，教孩子在被打的时候保护自己，可以逃跑，可以大声对对方说"不可以打人"，可以向大人求助，等等。

有家长问，孩子总是被别的孩子欺负，不是被打，就是玩具被抢，要不要教孩子打回去？

在孩子遭遇攻击时，孩子有还击的权利，但是不意味着家长就必须让孩子对别人打回去。因为孩子可能会遇到以下几种情况：面对实力相当的，面对比自己弱小的，面对比自己强悍很多的。是还击，是逃跑，还是求助？我们要帮助孩子在一次次的冲突中学会根据当时的情况判断，知道如何应对，不必怂恿孩子一定要还击，如果遭遇非常强悍的对手，那样可能会招致更大的伤害。

我们不可能护卫孩子一生一世，孩子总会离开我们独自面对自己的人生。**每一次孩子和同伴发生小冲突都是孩子学习解决冲突的机会，我们需要做的是帮助孩子学会自我保护、沟通协商、设立界限、友善待人，帮助他们学习解决各种冲突，学习与他人和睦相处，这也是孩子适应社会的基本能力。**

最后提醒一下，本文所提倡的尽量让孩子自己解决冲突适宜在熟人的孩子之间进行，因为熟人之间一般不会使孩子的矛盾升级到家长之间的矛盾；而陌生人之间就不一样了，你不了解对方孩子的家长是什么人、是什么样的教育理念，很可能因为孩子之间的小冲突升级到大人之间的冲突。所以与陌生孩子之间的冲突，尤其是当你的孩子在攻击别的孩子的时候，你要第一时间制止、干预，千万不要想着，反正我的孩子没吃亏，让他自己去解决。

第四章

如何让孩子的童年拥有
更多幸福感和安全感

　　0～6岁是孩子性格形成的关键期，为孩子创造宽松、和睦的家庭氛围，花时间陪伴孩子，在爱中管教孩子，是最值得做的事情。不要以工作忙、没时间而不陪孩子，光在孩子身上花钱而不花时间和心思会得不偿失——因为事业可以重新开始，孩子的童年却不能重来；事业可以等待，孩子的成长却不能等待。

✿ 童年阴影真的可以影响孩子的一生

一位朋友和我聊天，她对自己的个性很不满意，说自己没有主见，没有个性，自卑，自己的事情自己不能做主，一旦发生点事便急得六神无主、不知所措。有一次老公外出，家里的下水道堵了，她很着急，不知道该怎么办。她说她这种性格源于童年时的经历。父母对她总是否定，挂在口头的是"你看别人家的孩子多能干呀，再看看你"这种类似的话，把她的信心摧毁得一干二净。由于成绩不太好，总被父母关在家里做作业，不准外出。如果犯错，就会被父母骂得一无是处。

童年经历对人的影响是深远的。朋友自卑的性格与童年经历有关，父母的否定和羞辱一点点吞噬她的自信；父母的高度控制让她失去了自我，毫无主见、遇事慌张；而父母不允许她犯错令她不敢尝试、不敢选择，怕自己出错。

我们成人的性格、习惯甚至心理缺陷都可以追溯至童年。

我儿时有一对小伙伴，是兄弟两个，哥哥是听话懂事的那种孩子，弟弟很聪明，也很调皮。兄弟俩白天由奶奶照看，奶奶对兄弟俩都很好，但对弟弟格外宠爱一些，有好吃的东西会偷偷拿给弟弟吃，哥哥吃不到。弟弟很顽劣，喜欢打人、往别人脸上吐痰、喊别人外号，奶奶觉得孙子还小，这些顽劣行为很可爱，不但不制止，反而哈哈大笑。弟弟两岁多的时候，妈妈买了一个西瓜，分成很多块，全家人每人一块。弟弟很快吃完自己那块，飞快地抢走妈妈的那一块，躲到一边吃去了。妈妈以为弟弟还小，什么都不懂，就随他了。

后来，类似的事情经常发生，比如，两块糖，弟弟和哥哥每人一块，弟弟吃完后必定抢哥哥那块，为了这样的事情，他和哥哥经常打架。大人们总是要哥哥让着弟弟，理由是哥哥大，弟弟小，这样弟弟就抢得更加心安理得了，任性、霸道、自私的性格处处显露，出门看见零食必定吵着要买，不管爸妈是否买得起；吃的玩的都要强抢独占，不和别人分享；想要某物或想做某事必得如愿以偿，不然就赖地打滚、大哭大闹，不达目的不罢休；特别懒惰，衣来伸手、饭来张口，什么都不干。而哥哥和弟弟截然相反，懂得体恤父母，出门从来不让妈妈买吃的玩的，常帮妈妈做一些力所能及的事情。

那个年代，农村一般6岁以上的孩子就会跟父母一起干农活，下田扯秧、地里浇菜、摘棉花等。哥哥很踏实，和大人们一同出门，干完活一起回家。弟弟则比较滑头了，一般在田地里干几分钟活之后，瞅空就开溜了。他们的父母看到小儿子这样也无可奈何。

一晃30年过去，哥哥事业小有成就并有了幸福的家庭，承担起赡养一大家子的重担。弟弟好高骛远，总是换工作，每次都不超过1个月；自控能力差，尤其管不住钱和暴脾气；自私，不会从别人角度考虑问题；出了问题从不反思自己，总是从别人身上找原因；喜欢抱怨，经常埋怨自己的父母不如别人的父母有钱，对自己不够好，埋怨哥哥帮助自己帮得还不够，埋怨老婆太爱唠叨……熟悉兄弟俩的亲戚朋友都会慨叹：同一个家庭长大的孩子怎么会有如此天壤之别！

"三岁看大，七岁看老。"这话很对，从两岁多的弟弟身上不就可以看到他30年后的样子吗？小时不懂分享，不顾别人，只顾自己，长大后很自私，不顾别人；小时不体恤家里，闹着买吃的玩的，长大后不顾家，尽不到做丈夫、爸爸的责任；小时任性，要怎样就怎样，稍不如意就大哭大闹，长大后依然任性，工作稍不如意就换，生活中稍不如意就发脾气……哥哥则刚好相反，小时候懂事、勤快、体谅父母，做事坚持，成年后负责、顾家、能吃苦、耐挫折。

同一个家庭，同样的生活环境，兄弟俩为何会有如此大的差别？一个孩子今后成长为一个怎样的人，到底会受到哪些因素的影响？为了弄清楚这个问题，我查阅了大量文献，多数研究认为，人的成长受到先天因素和后天因素的影响，先天因素指孩子与生俱来的智力和非智力因素，比如，天赋才能、先天气质等，后天因素则包括家庭、学校、社会三方面的影响。美国心理学专家亨利·克劳德博士和约翰·汤森德博士在他们合著的《为孩子立界线》一书当中写道："今天我们成长为什么样的人，基本上是两股力量——'我们的环境'及'我们对环境的反应'所产生的结果。父母与我们之间这种重要的关系和生活环境，强有力地塑造完美的人格和处世态度，但是我们或主动或被动地回应这种重要关系和生活环境，也同样影响我们成为什么样的人。"我认为他们这个说法是上面那个问题的答案，一个孩子未来成长为什么样的人，既不完全是父母/环境的影响，也不完全是孩子先天因素的影响，而是两方面相结合的结果。

那么"我们的环境"和"我们对环境的反应"具体是指什么呢？我们可以用"孩子"替换"我们"，也就是"孩子的环境"和"孩子对环境的反应"，拿上面两兄弟的例子来说，"孩子的环境"是父母同样带着兄弟俩下田干活，"孩子对环境的反应"是，哥哥"踏踏实实跟着父母一起干活"，弟弟"干几分钟就开溜"，你看到了吗？面对同样的环境，孩子的反应会不同。这就是"环境"和"孩子对环境的反应"，这两者会决定孩子未来成为什么样的人。

所以这就需要我们做两件事情。

☆ 第一，我们要给孩子提供正确的"环境"，包括花时间陪伴孩子，和孩子建立好的关系，给孩子正确的教导。

☆ 第二，孩子因着先天因素的不同，对我们给他的"环境"会有不同反应，那么我们就要根据孩子的反应来进行适合孩子的情况的引导。比如，哥哥踏踏实实跟着父母干活，他的反应是正确的，那么父母不用太多教导，他的责任感在跟着父母一起干活的过程中就慢慢形成了。而弟弟则是干几分钟活就开溜，他的反应是错误的，如果父母对他这个反应无所作为，听之任之，那么他就没有责任感。同理，分零食吃也一样，哥哥的反应是老老实实吃自己这一份，父母比较省心，不需要特别的教导，而弟弟的反应是抢别人的，如果父母听之任之，那么他就形成了霸道自私、只顾自己不顾别人的性格。

看到这里，你可能已经看出这个家庭的兄弟俩长大后有天壤之别的问题所在了。哥哥和弟弟的先天气质明显不同，哥哥是比较温和、听话懂事的，弟弟则是比较叛逆、不那么顺从的。他们面对同样一件事情反应截然不同，比如，吃东西，吃完自己那一份，弟弟会抢哥哥的；再比如，干活，哥哥从头到尾坚持干完，弟弟一有机会就开溜。这就需要父母因材施教，对哥哥这样听话懂事的孩子，父母可以宽松一些，也比较省心。而对于弟弟这样叛逆、不懂事的孩子，父母则应该严加管教，在他抢哥哥糖、抢妈妈西瓜的时候，必须责令他还回来，并且在下次吃糖的时候责罚他不准吃，让他为自己的抢夺行为付出代价，看他下次还敢不敢抢？在他干活溜走的时候，每次都要把他抓回来，继续干活，多次开溜后施以惩戒，责令他比哥哥多干一些活。闹着要买这个买那个的时候，不要迁就他，越是闹越不给买，不让他的哭闹耍赖得逞。倘若父母能从严管教他，帮助他从小建立负责、自律、忍耐、坚持等品格，他的人生应该会是另外一番景象。

看到这里，你可能已经意识到，教育孩子不是一件简单的事情，没有任何机构和个人可以代替父母的责任。现在的家长非常重视孩子的教育，不过，大多数家长关注的重点偏了：对孩子的物质生活非常关注，但对孩子的内心世界不太在意；很重视智力开发、知识灌输、才艺培养和学习成绩，但忽略了孩子性格、品格的养成。我们非常努力地赚钱，给孩子提供好的物质条件，买名校学区房，以为这些就是给孩子最好的教育了。其实，如果我们只是给孩子提供好的物质条件，却很少花时间和心思在孩子身上；如果我们只是关注孩子的成绩、才艺，却不太关注孩子的心理、性格和品格的成长，那么我们还是没有给孩子好的教育。

有一位"女强人"妈妈曾经给我留言："4岁的儿子很孤僻，不和其他孩子接触。我觉得很失败，偌大一家公司我能管理好，而对一个4岁的小孩我却束手无策！"这种情况不在少数，很多人牺牲掉陪伴孩子的时间，辛辛苦苦拼事业，想给孩子创造一个良好的物质生活环境。但是当他们事业成功后，却发现已经错过了孩子的成长。

当我们回顾童年时，一定都记得童年幸与不幸的事情，也一定感受得到，童年对我们性格、修养、能力、价值观、择偶观等方面的影响。

☆ 孩子的安全感从何而来

晓芸是我带领的成长小组的学员，她最近生了老二，家里事情一下子多了起来，坐月子的同时要照顾小婴儿，还要照顾老大，还有那些永远都干不完的家务活……虽然请了月嫂，但没有老人帮忙，这对于两个平日里养尊处优的年轻人来说，已让他们焦头烂额了。

矛盾终于在这跌跌撞撞中爆发，导火索是老大弄湿了衣服，爸爸让她脱下来换掉，她不肯脱，爸爸起初耐心劝说，孩子始终不配合，爸爸发火了，并强行脱下孩子的衣服换掉。孩子哇哇大哭、赖地打滚，晓芸在旁看了直掉眼泪，于是她让老公出去，自己来安抚老大。晓芸责怪老公不该对孩子发脾气，有啥事不能好好说，发脾气就能管住孩子吗？老公也一肚子委屈，心想我一天到晚干家务带老大，老大又不听话，每天都要跟她斗智斗勇，这不是实在没忍住才发火吗？我也不想啊。累点倒没啥，还要受老婆责备，心里憋屈啊。两人大吵一架，晓芸很伤心，觉得老公太过分了，自己还在月子里，正是需要关心照顾的时候，他却跟我吵架……

我和晓芸夫妻俩分别通了电话，听了他们各自的苦衷，并表示理解。在跟他们分别沟通的过程中，我发现引发他们矛盾的焦点是如何带

139

老大，我又发现他们的共同点：两人都非常关注老大的情绪。晓芸担心老公对老大发脾气会伤害老大，影响老大的心理健康；晓芸老公也有点担心自己发脾气会伤害孩子，并且认为老二出生后，要多多关注老大，否则老大可能会感到失落，觉得爸爸妈妈不爱自己了。

晓芸上过我的课程，夫妻俩都知道并认同家庭中应该把夫妻关系摆在首位，但在实际生活中，他们俩都做不到。他俩的焦点都放在孩子身上，以为这样孩子才会觉得爸妈足够爱她，才会有足够的安全感。我告诉他们，这其实是一个误区。父母怎么做孩子才有安全感？并不是父母时时刻刻关注他就有安全感，孩子的安全感来源于两方面。

☆ **第一是父母和睦的婚姻关系。家庭的核心应该是夫妻关系，而不是孩子。** 当孩子看到爸爸妈妈和睦恩爱、彼此关心、相互敬重，她就在父母的关系里看到了爱，她便心安。相反，如果孩子看到父母经常吵架，家里气氛紧张，她就会感到紧张惶恐、惴惴不安，哪里还能感受到爱呢，哪里还能心安呢？像你们这样关注点都在孩子，本心是想让孩子感受到即使老二出生，爸妈对她的爱不曾改变。但是你们隔三岔五地吵个架，这不是捡了芝麻丢了西瓜吗？而且，你们有没有想过为什么带孩子带得这么累？因为你们太以孩子为中心了，你们试图满足她的一切要求，这让孩子觉得爸妈应该满足我的一切要求，如果爸妈满足不了，我就闹。事实上你们能满足孩子的一切要求吗？比如，老二要吃奶，老大看见也要妈妈抱，你能马上抱老大吗？不能吧？因为我们的精力都是有限的，所以我们必须清楚地意识到我们永远无法满足孩子的一切需求，并且帮助孩子学习接受"爸妈无法满足我的一切要求"这个事实。

所以，你们需要将注意力放在夫妻关系上，你们和谐恩爱，孩子就心安了。对于老公来说，你要多花些时间来关心妻子，放在你心里最重要位置的应该是她，而不是孩子。你尝试着去看妻子在产后身体和心理两方面的软弱，体谅她偶尔情绪低落、敏感脆弱，因为女人非常需要关心和爱；对于妻子来说，也要把最重要的位置留给老公，你要放手将老大交给老公管，他管孩子时要配合他，千万不要插手，即使他有时冲孩子发脾气也不要当着孩子面表示不同意见，可以背着孩子事后和老公去沟通。因为你这个时候责备他不仅不能解决问题，反而使矛盾升级。你看他发火后也挺后悔的，如果你能包容，我想他会感激并自我反省，如果你指责他则可能连那一丝懊悔都没有了。

☆ **第二是孩子能得到父母持续稳定的爱。**什么是持续稳定的爱呢？是不是满足孩子一切要求、不拒绝孩子就是持续稳定的爱？比如，刚才喂奶这个例子，你在给老二喂奶，老大也要妈妈抱，是不是你强撑着虚弱的身体一手抱老二喂奶，另一只手抱着老大，这样就是爱她呢？不是。没有底线的爱是溺爱，持续稳定的爱是有界限的，包括合适的界限（适当时候说"不"）、稳定的情绪（大多数情况下情绪平和，不喜怒无常）、前后一致的态度（不论是高兴时还是生气时你的界限是一样的，不会忽左忽右）。拿喂奶这个事来说，妈妈可以温柔坚定地告诉老大，妈妈先喂完妹妹，再来抱你，请你等待一小会儿。老大不愿意，闹着要妈妈抱。不论她如何闹，爸妈的态度都不改变，请她耐心等待，并告诉她妈妈很爱她，只是现在妹妹需要照顾，请她体谅。在这个过程中，若爸爸妈妈是平和的，不夹带情绪呵斥孩子，老大逐渐就能接受"妈妈暂时不能抱我"的事实，并从这件事里学习等待和体谅。这才是持续稳定的爱。**特别需要强调的是，父母的情绪状态尤其是妈妈的情绪会影响孩**

子的安全感，父母暴躁，或喜怒无常，或常常抱怨、焦虑，孩子会感到不安，父母的负面情绪会传导给孩子。

孩子的安全感与父母是否时刻关注他、是否满足他的一切要求无关，而与父母的关系是否和睦及父母是否有能力给予他持续稳定的爱有关。

☆ 你是否经常说：你不听话，妈妈就不喜欢你了

一位网友给我留言：

　　今天我又冲孩子发火了，还在她屁股上拍了两巴掌，我感觉自己都快崩溃了！现在回想，其实事情很简单：今天上午，孩子莫名其妙地在那儿哼哼，然后就哭了起来。问她怎么了，她叫我不要问，还要我走开。我走开了，她继续哭而且越哭越大声。我真不知道她想干吗，又去问她，她还是那句"你不要问我"，而且还叫我"滚出去"。我不理她，去别的屋也不行，她一定要我走到外面去，我还是出去了。这个过程中，她一直在哭，声音都快哑了。过了一会儿，她要尿尿，自己不脱裤子，也不要我帮她，自己在那里边哭边叫要尿尿。我真的忍不住了，拉住她，把她裤子扒了，就在她屁股上打了两巴掌，用高分贝的声音训斥她，再把她拉进厕所。在上厕所时，她也边哭边让我出去，不要我帮她擦屁股。我刚出去，她又大叫"快来擦屁股"。我想她可能拿不到纸，所以我又去帮她擦屁股了。擦好后我帮她穿好裤子，然后抱抱她，让她不要哭了，她慢慢平静下来。我问她刚才为什么哭，她说不知道。我又

问她想做什么，她也说不知道。我就给她讲："妈妈不喜欢你哭，你要赖皮妈妈也不喜欢，有什么事你就好好讲，你不讲我怎么会知道呢？"每次有什么事我一问她，她就叫我"你不要问我"，有时她会说不知道，多问几遍她会特不耐烦地让我走开，这究竟该怎么办啊？

通过和这位妈妈的交流，我了解到，她在孩子很乖的时候就很喜欢孩子，很接纳她，但是在孩子不听话的时候，就很烦，不接纳孩子。我推测，孩子的种种表现应该是她在求证妈妈是否爱她。"妈妈不喜欢你哭，你要赖皮妈妈也不喜欢"，听到妈妈的这些话，孩子会感到不安。她会觉得，妈妈爱我是有条件的，如果我听话、我不哭，妈妈就爱我；如果我耍赖、我哭，妈妈就不会爱我了。这位妈妈承认，她经常说类似的话。难怪这个孩子会莫名其妙地哭，莫名其妙地发脾气，妈妈要孩子告诉她到底怎么回事，可是这个孩子不到3岁，她还不能清楚地表达内心的感受。

通常，6岁以前的孩子会反复验证父母是不是爱他，一定要得到验证才心安。周周3岁多的时候，曾经常问我："妈妈，你爱不爱我啊？"我每次都回答："妈妈爱你呀。"有时候，我抱一下或者亲一下别的孩子，周周会"吃醋"，泪水哗哗地流，说："妈妈，你怎么不爱我了？"我说："妈妈爱你啊。"她说："那你怎么抱别人不抱我？"这个时候我去抱她，她就会小嘴一噘说："不要你抱了，你没有第一名抱我，我才不想当第二名！"这个年龄段的很多孩子特别是心思细腻的孩子，不愿意爸爸妈妈去抱别的孩子，他们以为爸妈抱别的孩子意味着爸妈更爱别的孩子，不那么爱他了。但是当孩子笃信父母对他的爱时，

144

他就不会这样认为了。

不少有两个孩子的家庭向我诉说过他们的苦恼，就是老大特别嫉妒老二。他们喜欢和老二抢东西，凡是老二有的，他一定要有，哪怕自己根本用不着；喜欢攻击老二，趁大人不注意的时候，迅速攻击，下手还特狠；和老二抢妈妈，在妈妈照顾老二的时候，老大闹着也要妈妈照顾。这些行为体现的是孩子对父母之爱的不确信，他们觉得，以前他是家里人关爱的焦点，而老二出生之后，大家的焦点转移到老二身上，或多或少忽略了他。他小小的心里产生了一个巨大的问号：是不是爸爸妈妈不爱我了？这种不安让他对老二产生强烈的嫉妒，他认为就是这个小婴儿抢走了他们的爸爸妈妈，抢走了对他的爱。他甚至以攻击和破坏行为来验证父母是不是爱他。

有的家长一着急，在老大闹的时候，尤其是攻击老二的时候，忍不住打他，这样一来，老大就更加失望了，攻击行为更频繁，对父母更加不信任。如果父母对孩子的嫉妒行为予以接纳和理解，反复告诉孩子"爸爸妈妈和以前一样爱你"，只是由于弟弟（妹妹）年龄小，不能照顾自己，更加需要爸爸妈妈多照顾他（她）一点，并且时常亲吻、拥抱孩子（而不是等到孩子出现感情饥渴了再来安抚），孩子验证了父母还是如以前一样爱他，内心的恐慌就会解除，心里也就释然了。

有些成人喜欢逗弄孩子，骗孩子说"妈妈不爱你了"，这种话对孩子的打击堪称是毁灭性的。我侄女晓晓5岁的时候，在弟弟出生1个多月以后的某天，突然跑过来问我："姑姑，你说我妈妈还爱不爱我呀？"我说："你怎么会这么问呢？你妈妈当然还爱你啊，和以前一样爱你。"晓晓眼眶里噙着泪，轻轻地说："可是，姨妈说，我妈妈生了弟弟，以后只爱弟弟，不爱我了。"看着她忧心忡忡的样子，我心里一酸，连忙安慰她说："姨妈是故意逗你的，有些大人喜欢逗孩子，这些话不是真的。我可以保证，你妈妈和以前一样爱你。对了，姨妈是什么时候跟你说的呢？"晓晓说："是家里来了100个人那天。"我猜她应该是指弟弟做满月酒那天，家里来了很多客人。于是我问："是不是弟弟做满月酒，家里来了很多客人那天？"晓晓说："是的。"

我问我妈是否知道这件事，我妈说确实有这回事，当时她对晓晓说她妈妈是爱她的，后来她就没在意了，没想到事情都过去20来天了，晓晓还对这件事情耿耿于怀，这20来天里，她心里该是怎样的一种煎熬啊？我领着晓晓去找她妈妈，在她妈妈的再三保证之下，晓晓还是半信半疑。所幸的是，后来一段时间，晓晓的妈妈特别注意给她关注，以行动证实了妈妈对她的爱没变，她才释怀了。

从上面这个例子可以看出，成人随口说出的一句话会让孩子多么不安啊！

"你不听话，妈妈就不喜欢你了""好好吃饭，妈妈才喜欢"……类似的话你是不是也很熟悉呢？是不是曾有类似的话从我们的嘴里冒出来过？这些话在孩子听来，潜台词实际是：爸爸妈妈爱我是有条件的，只有我乖乖的、符合爸爸妈妈的要求，爸爸妈妈才会爱我。如果我犯了错，如果我不听话，如果我没有达到爸爸妈妈的要求，爸爸妈妈就不爱我了。

给孩子的爱应该是无条件的，就算孩子犯了错，就算孩子没有达到我们的要求，我们对他们的爱都不会减少一分，这样孩子才会安心，才会笃信无论发生了什么，爸爸妈妈都爱他。孩子们非常在意父母对他们的态度，尤其在犯错之后，心里惴惴不安，担心失去爸爸妈妈的爱。这时，家长要做的是给孩子坚定的保证：不管怎样，爸爸妈妈都永远爱你，即使你做错了，爸爸妈妈还是爱你的，但是你的行为是错的，就要改正。

这里要提醒注意的是，**爱是无条件的，但是同时爱也应该是有原则的，孩子必须为自己的行为负责，孩子犯错的时候，你在爱里管教他才是爱，你不管教他就是放纵了。**常常有妈妈弄混了这一点，以为无条件爱孩子就是接纳孩子的一切，包括错误的、不良的行为，所以她们在孩子有不当行为时不去制止。无条件爱孩子是爱孩子这个人本身，不论你的孩子长相、智力、才华、天资、成绩如何，都爱他，当然孩子犯了错也还是爱他，但是对于孩子的错误行为一定要立刻制止，并帮助改正。

✩ 给孩子断奶是可以不痛苦的

母乳对婴儿来说不仅仅是填饱肚子，还有心理、情感层面的意义。婴儿紧贴母亲乳房吃奶，心理上能获得安全感和满足感，母乳是最好的镇静剂、止痛剂，妈妈们一定有过这样的经验，婴儿烦躁、害怕、痛苦的时候（生病除外），只要含住奶头就会安静下来。为什么会这样呢？因为他从吃奶这里得到了安慰。

断奶是宝宝生活中的一大转折，不仅仅关系到食物品种、喂养方式的改变，更重要的是断奶对宝宝的心理发育有极其重要的影响。对于断奶，老一辈人的做法是把宝宝和妈妈隔离开，宝宝看不见妈妈，就没办法吃奶，强行被断掉了。

我妈说我小时候断奶是"打"断的，我满床爬着找"奶"，她就打我，让我不敢靠近他。我的小侄女晓晓断奶是和妈妈隔离开的，她哭了好几天，尤其是在夜里，烦躁不安，嘴巴到处拱，找奶，找妈。隔离了一个星期，被强行断掉了。我觉得这样断奶对小宝宝来说是残忍的，我们可以想象，一个小婴儿在一夜之间失去了奶，又找不到妈，她会多么恐惧不安。

在周周面临断奶的时候，我妈也要我这样强行断奶。她答应把周周带回老家一个星期，她说只要周周看不见我，没法吃母乳，自然就断掉了。她还说她做好了心理准备，让周周吵几个晚上。我不同意，我妈训斥我说，祖祖辈辈都是这么断奶的，只有你，这么舍不得！我并不是舍不得，有些痛苦是对孩子有益的，需要让孩子去承受，但这样断奶显然不属于这一类，我觉得断奶不必用这种残忍的方式，或许在我的充分准备之下，孩子能够无痛苦地断奶呢？

生周周的时候，我的身体状况非常糟糕，长期严重失眠导致有些抑郁。由于身体和心理状况都非常糟糕，我的奶水一直不那么充足，到周周7个月的时候，基本上每次只能供应她吃几口的量了。原本想喂母乳到1岁以后的，但由于母乳严重不足，在周周7个多月的时候，我便开始实施我的断奶计划。

☆ **第一，先让她接受奶粉**。吃母乳的孩子几乎都排斥奶粉，周周也是这样，只要嘴巴沾到牛奶，她就把头别开，更不要说用奶瓶给她吃了。周周喜欢吃蛋黄，我就把一勺奶粉冲兑上适当比例的水，再和蛋黄搅拌在一起，调成"蛋黄奶"，用小勺喂，这个她接受。然后我逐步减少蛋黄，添加牛奶，直到"蛋黄奶"变成"纯牛奶"，花了3个月时间，周周终于适应了奶粉，可以不加蛋黄喝牛奶了。

☆ **第二，用逐步递减的方法，减少哺乳次数**。断奶前，周周每天要吃4次母乳，夜里不需要吃。由于奶水少，她又能吃辅食，我特意把吃辅食放在哺乳之前，她吃过辅食再来吃母乳，呷巴几口就饱了。我先减掉中午那一餐，慢慢地，中午她不需要吃母乳了，然后再减早晨那一餐，然后再减下午那一餐。到了9个多月的时候，周周只要吃睡前那一餐，白天完全不需要吃母乳了。那时，她已经不靠母乳填肚子了，每次都是叼着奶头吸一吸，象征性地吃两口，母乳对她来说，仅仅是心理上的依恋。

☆ **第三，放松心情。**说实话，当时能不能无痛苦地断掉奶，我也没什么把握。但总归要去试试。妈妈的心情会影响孩子，妈妈不焦虑，孩子便不会那么焦虑。

☆ **第四，无痛苦断奶成功。**2007年五一节的时候，我妈回了老家，原本她计划五一节带周周回老家断奶，在我的坚持下，她没有带周周走。断奶的"艰巨任务"就留给了我和她爸爸。经过前期的大量准备，断奶便"万事俱备，只欠东风"了。2007年5月1日晚上，每次都要叼着奶头睡觉的周周居然在她爸爸的怀抱里睡着了。我们顺势而为，当晚便由她爸爸带周周睡。那晚我睡得不踏实，担心周周可能会哭闹，随时准备起来去安抚她。没想到整个晚上，周周都没有哭闹，安然睡到天亮。第二天早晨，周周睁开眼睛便看到了我，她高兴极了，我太开心了，心想3个月的工夫没有白费啊。接下来的两天延续了之前的方式：白天我带周周，晚上继续由她爸爸带着睡。周周睡得很好，没有任何痛苦和不安，白天也玩得很开心。就这样，我成功地给周周断了奶，整个过程没有痛苦。

后来，我给儿子也是用这种方式断奶的，前期花一些时间来准备，给孩子慢慢过渡，真正断奶的时候就顺利断了。以我有限的经验来看，给孩子断奶可以做到不强行、无痛苦。

☆ 滥用赞美，对孩子有害无益

生活中，很多家长喜欢把"你真棒"挂在口头，无论孩子在什么时候，做了一件什么事情，家长都会来一句"你真棒"。不少家长信奉"赏识"教育，觉得好孩子就是"夸"出来的，可事实真的如此吗？

有一个8岁孩子的妈妈问："孩子每做一件事情都要得到我的表扬，如果我没有表扬他，他就会大发雷霆。这是为什么呀？"

我问她："是不是表扬太多的缘故？"她说："是的，以前我批评得多，后来我发现这样不好，为了让他建立自信，给他的表扬就比较多了。现在他时刻关注我的情绪，如果我高兴，他就开心；如果我的情绪不太好，他就会暴躁。"

我跟她说：**"这说明孩子不能正确认识和评价自己，他的情绪都建立在你的情绪基础上。他的内心不自信，所以他需要获得别人的表扬来证实自己。你以前批评多，后来表扬多，两者都走偏了。"**

那位妈妈问："那我该怎么办呢？"我说："不要滥用夸奖，要客观中肯地评估孩子。对于孩子的进步和做出的努力，不要吝惜你的欣赏和赞美，同时对孩子的缺点、错误也须及时给予指正。"

以前有家长跟我说过类似的情况，他们说孩子可能被自己夸得太多了，具体表现是，每做一件事情都要看看妈妈，期待着妈妈的表扬。如果妈妈没有表扬，就会问妈妈："妈妈，我很棒吧？"一定要得到妈妈的肯定答复后才如释重负。这样的孩子已经习惯事事被表扬、被赞美，如果他们做好某件事情，家长没有表扬的话，他们就会觉得很生气、很失落。

在第三章我们聊过，孩子是通过外界尤其是父母对他的反馈来认识自己的。一个人能正确地认识自己，便能客观地评价自己，既不自高自大，又不妄自菲薄，也不会被别人的眼光所左右。

如果父母对孩子的评价客观中肯，既能看到孩子的优点、特质，欣赏孩子，又能看到孩子的缺点、不足，给予指正，那么孩子便慢慢通过父母的眼睛来正确认识和评估自己。有的父母喜欢挑剔自家孩子的毛病，看不到孩子的闪光点，很少欣赏肯定孩子，这样孩子就可能不满意自己，觉得自己不行、差劲，从而产生自卑心理。有的父母则看自家孩子怎么看怎么好，是世界上最好的孩子，而对孩子的一些缺点甚至是不良行为、习惯视而不见，挂在口头的是"孩子，你是最棒的！"。这样让孩子以为他真的什么都是最棒的，他是世界上最好的。父母对孩子的这种认识和评估并不是真实客观的，这非常危险，可能让孩子陷入狂妄自大、目中无人之中。当他走入学校或社会后他会发现并不是这样，他会发现山外有山，楼外有楼，他哪里是最棒的呢？这种巨大的心理落差往往令孩子难以承受。所以，我们对孩子不能盲目地、夸大地"夸"。

那么，怎样夸奖孩子才是积极有益的呢？

☆ **第一，夸奖的动机应该是你对孩子真心地欣赏，不要带有控制的目**

的。在夸孩子之前，我们要想一下，我夸奖孩子是真心赞美他，还是试图通过夸奖来说服孩子做某件事？

有的家长喜欢用夸奖去引诱孩子做某件他不愿意做的事情，比如，孩子不愿意画画，妈妈说："妈妈觉得你的画画得可好了，来，画一张吧。"孩子做某件事情应该来自内心的驱动力，或者是他分内的事情他有责任去做，而不是为了得到成人的"夸奖"。

所以，夸奖一般宜在事后进行，而非事前。事前孩子需要的是鼓励。举个例子，周周刚学习轮滑的时候，掌握不了平衡，摔倒了很多次。她气坏了，哭着说："我不要这双轮滑鞋了！我怎么老是摔倒！"我平和地对她说："学轮滑确实不容易，没能掌握平衡就会摔倒。但是，妈妈敢肯定，如果你练习很多次，摔倒了又爬起来，再摔倒再爬起来，你一定能学会的。"在我的鼓励之下，周周爬了起来，不断跌倒后不断站起来，练习了四五天后，她终于可以滑一段距离而不摔倒了。

☆ **第二，夸奖和赞美应该是真心的，不是虚情假意的敷衍。**夸奖也应该是真实、客观的，不夸大、不缩小。如果在周周学轮滑屡屡跌倒的时候，我夸奖她"你滑得挺好的"，这样名不副实的夸奖只会让孩子觉得大人虚假，不值得信赖。孩子可不傻，你是真心的还是应付式的，他们能分辨的。而夸张的夸奖则会如前文所写，让孩子对自己产生不切实际的认识，以为自己真的非常厉害，这对孩子的自我认知是非常不利的。

☆ **第三，夸奖必须是具体的。**用平实的语言去描述孩子做得好的事情，不用"你真棒""顶呱呱"之类的语言去泛泛夸。当孩子成功做好一件事情的时候，他的成就感让他得到了最大的满足，内心充满着自信和成功的喜悦，这就是对他最大的鼓励。我们只需要用平实的语言描述一下他做好的事情就行了，表示我们知道了，并且分享他的快乐。比如，孩子学会了扣纽扣，我们可以对孩子说，哇，宝宝学会扣纽扣了啊！你看到了孩子的努力或小成绩，对孩子就是最好的夸奖。

☆ **第四，不要夸先天存在的东西，譬如智力、外表，而应该多夸孩子所做的努力。**聪明、漂亮是天生的，不是孩子通过努力取得的，孩子没有任何功劳，为什么要夸呢？除了让孩子自恋、自负、产生优越感，没有什么益处。而对于孩子的努力，我们却不能视而不见，要发现孩子的点滴进步，认可他做出的努力，这样孩子会备受鼓舞和激励，今后更加努力。

☆ **第五，夸孩子不要只重结果不看过程，要夸赞孩子的态度而不只是他的能力。**不能只在孩子取得成功的时候才夸孩子，只要孩子付出努力，哪怕没有成功也要夸奖孩子。比如，孩子参加一场网球比赛，虽然他非常刻苦地练习，但他还是没有得到名次，我们仍然要大大地夸奖孩子，因为他态度认真，努力地练习，这些比得到名次更宝贵。再如，我和儿子下国际象棋，常常是儿子输了，但是只要他遵守规则，不悔棋，知道自己会输仍然坚持下完那盘棋，我就会夸奖他，因为"遵守规则"和"输得起"比赢棋更重要。

总的来说，夸奖不能滥用，滥用夸奖会让孩子沾沾自喜、目空一切，只听得进赞美，听不进反对的声音。父母给孩子的"夸奖"应该是积极的回应，要客观、中肯、真实，这样的回应才能使孩子正确认识自己，并且受到鼓励。

☆ 隐蔽的精神暴力，无意中你中了几条

哲哲是个活泼开朗的小男孩，这学期上幼儿园了。一段时间没见，感觉他不像以前那么活泼了。广场上很多人在跳舞，周周邀请哲哲站在队伍前跟着跳，哲哲不敢去，却站在角落里偷偷地跳；别人和他说话，他一声不吭，眼睛望着别处。

哲哲妈有些担忧："最近哲哲变了，我们问他什么，他总是不回答，胆子小了，畏畏缩缩的。"

我问她："是什么原因呢？与上幼儿园有关系吗？"

哲哲妈说："可能有关。有一次哲哲和我们玩游戏，他指着我和他爸爸说，你们站到厕所去，站到线后面，不许动！我问是不是幼儿园老师把他关到厕所过？他说第一天上幼儿园，他总是哭，老师把他关到了厕所。哲哲还说，老师说吃饭一定要吃完，不想吃也得吃完！"

据了解，哲哲上的这所幼儿园是一所很好的公办幼儿园，需要找关系才能进去的那种。

哲哲的爷爷在一旁插话："也难怪幼儿园老师，我们在家带一个都觉得累，她们要带几十个，怎么不会烦？"

我说："嗯，这个客观原因的确存在，每个班的小朋友多，老师压

力大，待遇低，或多或少会影响工作情绪。不过，这些都不是把孩子关到厕所的理由。"

正说话间，哲哲拉着我的手，要求做游戏。我俯下身来问哲哲想玩什么游戏，哲哲说玩小螃蟹的游戏，说着便翻起了跟斗，说是小螃蟹在翻跟斗呢。哲哲妈开始催促哲哲该回家了，哲哲不愿意。

我说："他可能是压抑得太久了，好不容易碰到一个可以让他放松的时机，让他放松一下吧。"

哲哲妈说："你看他爷爷都生气回家了，要是哲哲不按时回家，爷爷明天不会允许他出来玩的。"哲哲妈曾和我说过，哲哲爷爷性格暴躁，有时会打哲哲，而且比较固执，觉得自己的教育方式很好。看得出来，妈妈这个时候背负了来自爷爷的压力。

哲哲妈接着催哲哲："你要是还不回家，爷爷以后就不会允许你出来玩了。"

哲哲自顾自地玩着，没有理妈妈。

哲哲妈改变策略，开始"利诱"："妈妈带你买糖吃去，我们回家吧。"

哲哲仍然不理妈妈，像没听见似的。

哲哲妈有些恼火，使出撒手锏，作势要走："那妈妈先回家了，你在这儿玩吧。"

哲哲见妈妈要走了，惊恐地大哭。他害怕妈妈扔下自己，用力拉着妈妈的手往回拖，央求妈妈还要玩一小会儿。

看到哲哲眼神里的恐惧，我于心不忍，哲哲家物质条件算比较优越的，爸爸妈妈、爷爷奶奶围着他转，想吃什么想玩什么应有尽有。而另一方面，老师和家人却常常威胁、恐吓、孤立他……

我拉住哲哲妈，小声提醒她最好不要假装扔下孩子，那样可能让孩子更加没有安全感，更加胆小畏缩。我建议她可以和孩子约定回家的时间，然后到时间就领孩子回家。于是哲哲妈妈拉着哲哲的手温和地说："哲哲还想玩几次游戏再回家？"

哲哲见妈妈没走，他可以继续玩了，挂着眼泪的小脸上露出了笑容："玩3次吹泡泡的游戏。"

我微笑着说："好，那阿姨要看看哲哲是不是说话算数，玩了3次就回家哦。"

我们开始玩吹泡泡游戏，我特意把游戏的儿歌改成："吹泡泡，吹泡泡，吹了第一个大泡泡；吹泡泡，吹泡泡，吹了第二个大泡泡；吹泡泡，吹泡泡，吹了第三个大泡泡。"

哲哲吹完"第三个大泡泡"，松开我们的手，主动说："我要回家了。"我连忙肯定："哲哲说话算数，很不错哦！"

哲哲妈总算松了一口气，牵着哲哲回家了。

看着他们离去的背影，我明白哲哲为什么会变得胆小畏缩了，老师和家人使用威胁、恐吓、假装抛弃等方式对待他，这些都是精神暴力，对孩子心灵的伤害甚至超过肢体暴力。遗憾的是，哲哲的家人对孩子实施着精神暴力自己却浑然不知，这就是哲哲变得胆小畏缩的原因。

晓晓5岁的时候，在休假之后，突然对她妈妈说："妈妈，我不想上原来那个幼儿园了。"她妈妈问："为什么呢？"晓晓说："因为那里的老师会把不听话的小朋友挂起来。"说着说着她的眼圈红了，嘴角往下撇了几次，好像要哭了，但强忍着没哭出来。

我问她："怎么挂起来的呢？"晓晓说："就是让小朋友的手撑在

地板上，脚放在凳子上。"说着，晓晓拿过一条板凳演示了一下，就像做俯卧撑似的，脚抬得很高，手撑在地上，身体架空。这其实就是变相体罚，一个孩子被老师界定为"不听话"之后，被勒令在众目睽睽之下"挂"起来是多么大的羞辱。

我不反对惩戒孩子，当孩子犯错且口头劝勉、教导无效时，适度的惩戒是必要的。惩戒的目的应该是帮助孩子认错并改正其不当行为，而不是损害孩子尊严或发泄大人们的怒气。所以，为了维护孩子的尊严，无论是在家庭还是在学校，这种惩戒应该是私底下进行的，不应当众进行。当众进行的惩戒会打击孩子的尊严、引发孩子的抵触，还可能吓到一些胆小的孩子，而对于那些叛逆的孩子恐怕很难有效。

虽然老师没有"挂"过晓晓，但她目睹了别的孩子被"挂"，事情过去了两个多月，晓晓的心里还对这件事感到后怕，可见这件事情对孩子的影响有多大。

相比于肢体暴力，精神暴力具有一定的隐蔽性，家长们在实施精神暴力时往往浑然不觉。下面列出几种常见的精神暴力形式。

☀ **精神暴力的几种表现：**

1. 羞辱

"我怎么会生出你这样的孩子？"

"教了这么多次都不会，你怎么这么笨？"

2. 威胁/吓唬

"你不××，妈妈就不喜欢你了。"

"别摘花了，警察叔叔会来抓你的！"

"快睡觉，不然大灰狼会来抓你！"

3. 孤立/假装抛弃

"妈妈不理你了！"

"妈妈先走了，你一个人在这里吧！"

4. 否定

"你这是写的啥呀，乱七八糟的！"

"你这是洗的什么衣服呀，说了你不会吧？"

"你连××都做不好，你还有什么用？"

5. 嘲笑/讽刺

"看看你穿的衣服，纽扣全部扣错了，哈哈！"

"就凭你还想当科学家？你还真是会做白日梦！"

☆ 孩子为什么胆小

经常有家长问我，孩子胆小该怎么引导。他们为孩子的胆小头疼，千方百计锻炼孩子的胆量却收效甚微。

在改变孩子之前，我们得弄清楚：孩子为什么会胆小？孩子是天生胆小吗？还是由于后天的原因，成人不当的教育方式所导致？我们先看看一个胆小孩子的转变。

文文是个文静、内向、胆小的小女孩，在认识我们的前两年里，从来没主动和我们说过话。每次文文妈鼓励她和我们打招呼，文文脸上便露出怯怯的表情，抿着嘴不敢开口。有时小朋友在一起唱歌跳舞，文文在旁边看着，不敢上前，尽管心里很羡慕，但是始终没有勇气。如果有人和她说话，她要么用摇头和点头来回答，要么一动不动，对陌生人更是退避三舍。

文文的主要带养人是奶奶，奶奶性格内向，对文文的限制比较多，比如，不允许到沟里玩、不允许到斜坡上玩、不允许……奶奶还喜欢在旁边念念叨叨，总想左右文文的想法。文文的爸爸则保护过多，有一次，周周爬到约1米高的石头上（大人完全保护得到），文文也跟着爬了上去，文文妈牵着她的手，文文爸担心地喊："快让文文下来，小心摔跤！"看到周周坐在吊环上荡秋千（吊环离地大约有1米高），文文爸说"你们胆子真大"。其实不是我们胆子大，而是根本不危险，周周两只手抓得紧紧的，即使掉下来我们也可以接到。文文爸不准文文做任何看起来有点"冒险"的行为，同时，他替孩子包办太多了，文文4岁的时候他还在给孩子喂饭。

文文妈为了改变文文胆小的性格，在文文2岁半时就送她去了幼儿园，这是一家教育理念比较科学的幼儿园。随着交往的增多，文文爸妈和我们逐渐熟络，交流也多了。他们来问我的建议，我说，孩子目前有点胆小可能是因为你们限制过多、包办代替、过度保护导致。如果你们能更加放手一些，适度减少不必要的限制，为孩子少做一点，孩子应该会慢慢有所改善。

文文爸亲眼看到我们是如何对待周周的，逐渐接受了我的这些观点，态度慢慢转变了，对文文放手了许多，一些有点小危险的游戏（如爬高），文文也能被允许参加了。文文奶奶也有了一些变化，限制不再像以前那么多。随着家人教育态度的转变，文文的胆子逐渐变大了，不仅和我们打招呼，而且还会主动和我们说话，性格变得开朗活泼了。

孩子的胆小很大程度上是由于成人的教养方式不当，如果一心想着怎么纠正孩子的胆小，就好比头疼医脚，搞错了方向。

☀ **胆小的孩子有几种类型：**

1. 不敢尝试型

这种类型的孩子性格活泼开朗，也乐于与人交往。但是他们谨小慎微，害怕未知的事物，不敢尝试新的东西，不敢冒险，不敢玩游乐场的大型玩具。

两岁半的苗苗聪明活泼、乖巧懂事，逢人就叫，大家都喜欢她。有一次，周周带了一只小鸭子到草地上玩，很多小朋友好奇地围了过来，摸摸小鸭子，和小鸭子打招呼。苗苗远远地看着，不敢过来。我热情地向她招手："苗苗，快来看看小鸭子呀，真可爱。"苗苗哇的一声哭了，任凭我们怎么解释小鸭子是如何可爱、是不会伤害她的，她都只是摇头，躲得远远的，不敢靠近小鸭子。不仅是小鸭子，苗苗害怕所有不熟悉的事物，比如，小乌龟、田螺、虫子等，甚至连看到风吹动石凳上的树叶、月亮出来，她都会害怕。每次到公园，苗苗都不敢玩游乐场的玩具。

2. 怯于交往型

这种类型的孩子性格内向，不敢与人交往，在家里话还比较多，到了外面就"金口难开"了，更不敢在人前表现自己，如有不熟悉的人和他打招呼，他可能不理别人。但是，他们的内心还是很希望和同伴接触的，通常能和伙伴们一起玩，但就是不肯说话。

文文以前就是属于这种类型。

3. 畏缩孤僻型

这种类型的孩子性格内向，既不敢与人交往，也不敢尝试新事物，对未知的人和事都非常排斥。不合群，内心不快乐，通常在他们的脸上看不到笑容。

在一次聚会上，我看见过这样一个孩子，他叫豆豆，3岁9个月。别的孩子欢声笑语吃着玩着，他毫无表情地依偎在爸爸身边，目光呆滞。周周走过去和他打招呼："豆豆哥哥好。"并伸出手要和他握手。豆豆警觉地往后靠，用一种排斥的眼神看着周周。豆豆爸笑着说："妹妹叫你呢，和妹妹打个招呼呀。"豆豆不理周周，眼睛不敢直视，躲到爸爸的身后。

后来，我们去游乐场玩轨道赛车，豆豆和周周坐前后排，车子开动，豆豆吓得好像要哭的样子，但是强忍住没哭出来，脸上满是紧张和恐惧。从轨道车上下来后，豆豆再也不敢玩任何一种游乐玩具，包括非常安全的海洋球。孩子们在聚会上玩得很开心，唯独豆豆，游离在欢声笑语之外，脸上没见过一丝笑容。

后来，我又好几次遇见过豆豆，从来没有见他开心地笑过。就算玩得非常开心的时候，他的笑也很勉强，就是牵动一下嘴角。

排除天性比较腼腆内向的孩子（其实这种孩子是腼腆，算不上胆小，不算在此列），造成孩子胆小的原因大概有以下几点。

过于限制。比如，在户外玩时，孩子喜欢到沟里、斜坡、石头上等地方去玩，大多数家长会找各种理由拒绝，如那里危险、很脏、会摔跤等。苗苗的外婆就是这样，限制苗苗做一切不合自己意愿的事情：苗苗想玩沙，外婆说"沙子会弄到你眼睛里面"；苗苗想闻闻花坛里的月季花香，外婆大喊"别靠近，会刺到你"；孩子想收拾碗筷，家长就说"别动，别摔碎了"；等等。这些限制实际上在暗示孩子：处处有危险。所以孩子对未知的事物感到有威胁，不敢去尝试。

过度保护。家长非常紧张孩子的安危，不敢让孩子做出任何一点冒险的行为。比如，文文爸荡秋千不敢让文文荡得太高，稍稍高一点就大喊：低一点，会摔跤；不敢让文文爬攀登架，怕摔着。过度保护会让孩子变得异常脆弱，经不得一点风雨，不敢与外界接触。

没有安全感。豆豆就是这一类型，小时候在外婆家长大，父母不在身边，没有建立良好的安全感。外婆的教育方式简单粗暴，经常对孩子吼，孩子心里充满恐惧和压抑。另外，家庭不和、经常变换带养人和生活环境，也会让孩子安全感缺失，使孩子产生恐惧感，从而变得胆小。

与外界接触少。孩子的生活范围太小，接触外界的人和事都比较少，由于和别人交往的机会少，孩子怯于与人交往。

受家长尤其是主要带养人的影响。如果家长性格内向，比较被动，不主动与人交往，孩子可能会潜移默化受到影响，孩子就是家长的一面镜子。

如何才能改变孩子的胆小行为呢？

☆　**第一，不要过度限制、过度保护孩子。** 在保证安全的前提下，应该鼓励孩子尝试新事物，不要这也不许那也不许。倘若大人们总在孩子耳边说"这个不能做""那个危险！"，那么孩子会觉得自己时时处在危险之中，对外界产生畏惧。

☆　**第二，帮助孩子建立稳固的安全感。** 营造和睦的家庭氛围，家庭成员不要当着孩子面吵架。尤其是父母的婚姻和睦至关重要。因为孩子安全感的来源是父母和睦稳定的婚姻，孩子看到爸爸妈妈彼此相爱、和睦稳定，他们的心就安定。不要把孩子扔给老人或保姆，把孩子带在自己身边，花时间陪伴孩子。若父母不愿意花时间在孩子身上，你怎么能和孩子建立亲密、信任的关系，又怎么能影响你的孩子呢？

☆　**第三，创造一些交往机会，鼓励孩子常常和小朋友一块玩耍。** 经常带孩子进行户外活动，尽量不要闷在家里，扩大孩子的视野，多接触外界。

☆　**第四，给孩子时间，耐心等待孩子的转变。** 不要急于改变孩子的胆小行为，更不要当着孩子面议论孩子的胆小。因为你越是急于改变孩子，你就越可能不经意流露出对孩子当前状态的不接纳，并无意中暗示孩子"你胆小，你要改"。这样反而会固化孩子的胆小。当我们改进了对孩子的教养方式和态度时，孩子会慢慢有所改善，不过这一切还得润物细无声地进行。

☆ 在排泄这件事上，不要让孩子产生羞耻感

　　一位妈妈给我留言："我由于工作原因，周末才能回家，儿子两岁半上的幼儿园，晚上我打电话回家，听说今天儿子由于吃东西没注意拉肚子了，在幼儿园拉在身上了，老师也没有及时通知家长，回家后才换洗的。我儿子是11月才插班进去的，是他们班最小的。他有个习惯，回家拉大便，在幼儿园从没有拉过。我曾问他在幼儿园'便便胀'了怎么办，他说回家拉。以前他从没有拉在身上过，连小便都没有过，所以我也一直没有在意。麻烦一点倒没什么，关键是现在我担心此事会不会对孩子的心理有影响。我儿子自尊心很强，有时候我们说话不小心都会让他泪花直闪，今天这个事情我就担心他在幼儿园会被其他小朋友笑话，或者他害怕被老师取笑或看不起等，在他幼小心灵上留下阴影。现在我想让他休息两天，等这件事渐渐淡化或在其他小朋友那里渐渐淡化了，再让他去幼儿园。我想问的是，你以前在幼儿园工作时也遇到过类似事情吧，怎么处理才能不给孩子留下阴影呢？"

　　正好以前也有一位妈妈聊到过这个话题，说她4岁的孩子不敢在幼儿园大便，担心大便臭，老师会厌烦。在幼儿园，这样的孩子不是个例，一些懂事、自尊心强、敏感的孩子会出现类似情况，他们担心自己

拉大便会给老师带来麻烦，老师会不高兴。因此，他们尽量在家里拉大便，实在忍不住拉在裤子上了，也不敢跟老师说。

对于比较敏感的孩子来说，他们会担心别人因为他的大便臭而不喜欢。或者是曾经有人（家长、老师或小朋友都有可能）不经意在他们面前流露出对他们大便的嫌恶之情，让孩子觉得他们的大便是让人嫌恶的。

有的家长特别烦孩子把大便拉在身上，只要孩子拉大便在身上，轻则骂几句，重则要打几下的。一些幼儿园的工作人员对孩子的大便更是嫌恶。我们小区一个孩子，两岁多，就读于附近一所幼儿园。某天姑姑去接孩子，正好看到了这样一幕：孩子大便拉在身上了，老师满脸不耐烦地脱掉孩子的裤子，把孩子重重地放到凳子上，指着孩子骂。很多素质较低的幼儿园从业人员都会对孩子的大便表现出嫌恶，就连给孩子擦屁股都会用手掩住鼻子。成人的这些行为带给孩子负面的心理暗示：我的大便是臭的，是让人讨厌的。所以他们害怕在幼儿园大便。

因此，解决这个问题的办法是让孩子了解：拉大便是生理需求，每个人都要拉的，就像每个人都要吃饭、喝水一样。每个人的大便都是臭的，这是正常的生理现象。小孩子拉大便在裤子上是正常的，一点也不丢人。周周曾经在大便的时候问过我多次："妈妈，为什么我要拉屎呀？我的屎为什么这么臭呀？"我说："因为我们每天都要吃饭，饭菜吃到我们的肚子里，慢慢消化，就变成了屎。屎是废物，要拉出来才好，如果不拉出来，人就会生病。每个人拉的屎都是臭的，这是因为屎里面有腐败菌，它能散发出臭味。"我还在网上搜索人体内脏器官的图片，对照图片跟周周讲解"消化"的过程。

成人的态度非常重要，包括家庭成员和幼儿园工作人员。当孩子大便拉在身上的时候，切勿动作粗暴地当众处理，这样会损害孩子的自尊心，孩子会感到紧张害怕。应该把孩子带到没人的地方，安抚孩子，告诉孩子因为他还小，控制不好大便，拉在裤子上没关系，妈妈（老师）帮换掉就是。给孩子清洗和换裤子的时候，动作要轻柔，切勿粗暴。

这位妈妈提到，想停上两天幼儿园。这是一种消极逃避的方式，这样做显然是在暗示孩子，幼儿园是一个伤心之地，也让孩子觉得遇到事情可以用消极的方式来应对。比较好的解决办法是和老师做详细的沟通，找到具体原因，如果可行的话，请求老师及保育员和家长配合，宽慰孩子，告诉孩子在哪里都可以拉大便，家里可以，幼儿园也可以，在外面的公共厕所也可以。在幼儿园拉完后，老师可以帮助擦屁股，老师一点也不会嫌弃。

如果孩子能了解到拉大便是正常的生理现象，和吃饭、喝水一样，哪怕有人对此表示嫌恶，他也能坦然面对了。

✿ 如何和孩子谈性

一天晚上，周周爸在洗澡，3岁的周周无意中闯了进去。看到全身赤裸的爸爸，周周大声尖叫："啊，爸爸怎么是这样的？"爸爸面对这个小小的"闯入者"面不改色心不跳，微笑着说："因为爸爸是男人啊！你发现爸爸的身体和你的身体不一样了，是吗？"周周满脸惊讶，点点头说："是的。"

这是周周第一次看见爸爸的身体，她先是惊讶，随后是好奇，如同看外星人般盯着爸爸，上上下下地打量。她爸爸很镇静，在周周的打量之下表现得从容淡定，没有窘迫和尴尬。

孩子的心灵是纯净的，对于他们来说，赤裸的人体如同一棵树、一朵花，他们不会带任何色情的眼光来看待。他们之所以惊讶是因为他们的"重大发现"：别人的身体居然和自己不一样！我想，如果此时周周爸"嗷"的一声，拿起浴巾裹住自己的身体或者夺路而逃，那一定会让孩子认为：人体是丑陋的，裸露身体很羞耻。

我想起前段时间小侄女晓晓在我们家做客的时候，只要看见周周洗澡脱衣服就会连声说"羞羞羞"，周周首先的反应是不明所以，接着就跟着晓晓说"羞羞羞"。后来，只要看见我换衣服或者晓晓脱衣服，周周就会说"羞羞羞"。尽管我跟她解释脱衣服洗澡和上厕所是很平常的事，只要不在公共场所暴露身体就一点也不羞。可是"榜样"的力量是无穷的，她一直认为脱衣服就是"羞"。我问晓晓为什么这么说，晓晓说是她们幼儿园的小朋友说的。我又想，幼儿园的小朋友又是听谁说的呢，估计是听大人说的吧。

随着年龄的增长，周周逐渐发现男人、女人、小孩的区别，问过很多关于"性"的问题。比如，"爸爸为什么长胡子""天天弟弟怎么站着尿尿，而周周却是蹲着尿尿""爸爸为什么长喉结""我从哪里来的"，等等。这说明孩子在观察和思考性别的问题了。我会尽量准确地回答她的问题。比如，"我从哪里来"的这个问题，我告诉她："你是从妈妈的肚子里生出来的。最开始是一颗胚胎，很小很小，就如一粒黄豆大，在妈妈的肚子里，一天天长大。慢慢长出了头、身体和手脚，妈妈的肚子也一天天地变大，到了第10个月的时候，妈妈生出了一个小婴儿，这个婴儿就是你。"当见到孕妇的时候，我就引导周周观察孕妇阿姨的肚子，告诉她里面有一个小宝宝，等小宝宝长到足够大，就会生出来。

也有出错的时候。有一次，周周问爸爸："为什么爸爸长胡子啊？"爸爸当时正忙着干别的，随口答道："因为爸爸老了呀。"我一听觉得不对劲，这个答案有漏洞——爸爸老了就长胡子，外婆更老为什么不长胡子？于是我补充道："爸爸这个回答有点问题，准确地说，应该是因为爸爸是男人，男人才长胡子。爸爸小时候是个小男孩，像天天弟弟一样，那时没长胡子，男孩长到十多岁的时候开始长胡子。"爸爸挠挠头笑了，周周也笑了。

对待孩子的"性"问题，有些家长会觉得尴尬、难以启齿，于是持躲避、敷衍的态度，或是连哄带骗，这样会让孩子更好奇，觉得"性"是神秘的，或者觉得"性"是羞耻的。我还记得小时候，大人们告诉我"小孩子是树上结的"，暧昧的表情和话语让我从小就觉得"性"是一件"丑恶、肮脏"的事情，这种错误认知直到我婚后很久才消除。

对待孩子提出的和"性"有关的问题，如果家长的态度从容大方，不扭扭捏捏，实话实说，不夸张、不欺骗、不隐瞒、不说教，孩子也会像认知花草树木一样来认知人体和性。

目前的青少年婚前性行为及性犯罪，其实都与不当的性教育有关，孩子就是这种心理：越是藏藏掖掖就越是好奇，越是好奇就越是要弄个明白。如果家长和学校没有进行科学的性教育，孩子就会从"色情"视频、文章、杂志中获取性知识，那才是真正毒害了孩子。其实，只要家长的态度落落大方，坦然面对孩子的疑问，对孩子的"性"问题如实相告，孩子就会正确地认识"性"，建立健康的性观念及婚恋观。

补记：这本书出版后，收到许多家长的来信，询问孩子多大可以和异性父母一起洗澡？心理研究表明，3岁前的孩子没有性别意识，3岁后的孩子逐渐有性别意识，知道"男女有别"。在孩子没有性别意识的时候 异性父母和孩子一起洗澡不会尴尬，所以孩子3岁前和异性父母一起洗澡，或是让3岁前的孩子看到异性父母的裸体都没问题，但3岁后就不合适了。孩子4岁以后，父母就应该逐步帮助孩子建立"男女有别"的观念，异性父母不宜再给孩子洗澡以及和孩子睡一张床。教导孩子尊重、保护自己和别人的隐私，比如，上厕所、洗澡要关门，不在异性面前赤身露体，不在外面大小便，背心短裤遮盖的地方不允许别人摸，女孩不和异性亲属睡一间房等。这些意识对于孩子保护自己、防范性侵是非常必要的。

第五章

好品格，
让孩子拥有更高的人生格局

挫折具有两重性，一方面会使人失望、痛苦、消极、颓废，从此一蹶不振或引起消极对抗行为，导致矛盾激化；另一方面，挫折可给人以教益，能磨炼人的意志，使人更加成熟、坚强，并激励人发奋努力，从逆境中奋起。

☆ 让孩子受用一生的必修课题：节制和自律

　　有一回，我和一个亲戚带着孩子出去玩。他的孩子3岁多了，途中，这孩子看见街边店里的玩具汽车，要求爸爸给他买。亲戚说这样类似的车子家里有很多，每次都只玩一会儿就扔到一边，这一次无论如何不能买了。他拒绝了儿子的要求。孩子当街大哭起来，赖在地上不走。他爸爸和他解释了不买的原因，他还是执意要买，躺倒在地上打滚。看这阵势，估计无论说什么，这孩子暂时是听不进去了。

　　亲戚无奈地说，儿子最喜欢使这一招了，尤其在他妈妈面前，妈妈每次都心软依了他，儿子每次都得逞。我说："你既然决定不买了，那就坚持到底，随他撒泼也好、赖地也好、哭也好，由他去吧。只要你不妥协，他觉得这一招无效，下次就不会使了。"亲戚听了我的建议，没管孩子，任他哭闹。我们一行人在旁边继续说我们的话题。过了一会儿，孩子见哭闹撒泼没用，渐渐偃旗息鼓，哭声愈来愈小，自己从地上爬了起来。当然，玩具车最终没有买。

　　这一幕你是不是并不陌生？一些孩子不知道节制，在吃和玩方面最为显著：无节制地吃，无节制地玩。譬如，看见新玩具就闹着要买，而家里已经有很多类似的玩具；零食要买好多好多，吃到不想吃为止；到游乐场玩玩具，玩了一遍又一遍，玩到不想玩为止；把饭桌上好吃的菜都夹到自己碗里，最后却剩着……我一位邻居说她家9岁的小侄子和8岁的小侄女曾经一次性喝光了整整一箱旺仔牛奶！

不知节制的背后就是放纵自己的欲望，如果我们不及时引导孩子节制，那么就是在训练孩子变得贪婪。现代家庭子女少，大多数家庭只有一两个孩子，有3个以上孩子的家庭就比较少见了。家长们都想给孩子最好的，不管孩子提出什么物质要求都会尽量满足，这样就让孩子觉得自己的任何欲望都是应该被满足的，这无形中助长了孩子的贪婪，让孩子更加不知节制。

我一位朋友的儿子，9岁了，只要看到同学有了新的装备，哪怕他家里已有类似的装备，仍然吵着要买。朋友说儿子根本不懂得节制，也不懂得珍惜。我问朋友："是不是你们对他有求必应，比如，要什么就买什么？"朋友很惊讶："是的，你怎么知道的？"我说："因为家长的态度对孩子有很大影响，你对孩子有求必应，满足他的一切要求，孩子自然会毫无节制；而得来太易，孩子自然就不懂珍惜。"

节制是一种美好的品格，不过这种品格不会天生就有，需要从小培养。在周周很小的时候，我就开始注意这方面的引导，比如，我第一次带她去那种收费游乐场玩，去之前我和她约定，每种游乐设施都可以玩，但每种都只能玩一次。她答应了，但是玩过那种豪华转马后，觉得很好玩，还想玩一次。我对她说："我们说好了只玩一次的，要说话算数哦。"她还是想玩，哼哼唧唧的眼泪就下来了。我看她这可怜的小模样，差点要心软。不过转念一想，约定好了就要做到，如果现在满足她一时的欢愉，她怎么会懂得节制呢？我温和地拒绝了她再玩一次的要求，并且提醒她前面还有别的好玩的项目。周周见我非常坚决，便不再坚持，转而玩别的项目了。再大一点的时候，去游乐场玩，我们会约定玩几个项目，有时是3次，有时是5次，玩满约定的次数就不玩了。吃零食也是这样，再好吃的东西也要保持节制。

一位家长看了我的博客后，留言质疑我为什么在孩子想去小伙伴家的时候会欣然应允，为什么规定孩子玩游乐玩具只能玩一次，不是说好要给孩子自由吗，为什么不让孩子玩个够？这岂不是自相矛盾？我回复她，这是两码事，去小伙伴家里玩，是孩子正常的交往行为，没有特殊情况的话，应该支持，但是并不是让孩子去小伙伴家玩多长时间都可以，具体以不打扰别人家的生活作息为准，这也是节制。而在游乐场玩限制次数是培养孩子节制，让孩子懂得做任何事情都要适度，不可任由自己的欲望泛滥。给孩子自由并不是让孩子做什么都可以，必须有适当的界限，才有真正的自由。

要保持节制必须要有较强的自律能力。自律即自我控制能力，是个体自觉地选择目标，在没有外界监督的情况下，适当地控制、调节自己的行为，抑制冲动，抵制诱惑，延迟满足，坚持不懈地保证目标实现的一种综合能力。

一个自律能力差的人难以有所作为。我一个远亲，他年轻的时候自律能力非常差，有一次刚发了工资，他去玩老虎机（那个年代很流行的一种游戏机），一个月的工资全部输光，最后家里没钱过年。老婆得知后跟他大吵一场，差点离婚。他信誓旦旦地跟老婆保证，以后不赌了。可没过多久，他旧病复发，和人打麻将，又是一个晚上输了1000多块，这些钱是那时候他们一家一个月的生活费。事后，他对我说，他知道打牌不好，但就是控制不住自己。这个人天资聪颖，能力不错，坏就坏在没有自律能力，好赌贪杯，一直穷困潦倒，婚姻也濒临破碎。

那么具体我们该怎样培养孩子的自律能力呢？在孩子小的时候，我们可以从生活细节中去引导，比如，孩子想喝水，但是水还有些烫，可以让孩子等待水慢慢变凉；玩玩具时要排队，耐心等待。刚开始可能孩子会不耐烦，但是如果我们坚持下来，孩子就能学会等待了。逛商场买东西，不要由着孩子想要什么就买什么，可以让孩子挑选一两样东西，超出的就不要给他买了。

简单生活对培养孩子节制和自律也是非常重要的。 我在衣食住行方面给孩子比较简单，孩子的衣服不多，春、秋、冬每一个季节的外出服三五套，夏天炎热，换得勤，多几套。衣服不是很贵的，舒适、漂亮、安全就行。而且从朋友亲戚那儿捡了不少旧衣服给孩子穿，说是旧衣服，其实基本都有八九成新，跟新衣服洗过两次没什么差别，既省钱，又环保，提高了资源的利用率，还让孩子学习到节俭、不挑剔，多好。我给孩子买的玩具也比较少，在前面的文章中聊过，很多昂贵的玩具对孩子没什么益处，我给孩子的玩具都是精心挑选的，对孩子有益处的，花钱并不多。

还有一点很重要，不要对孩子有求必应，对于孩子的物质需求不需要全盘满足，因为那样孩子会觉得他所有的要求都应该被满足，那样你不知不觉在助长他的贪心，训练他不感恩、不珍惜，当然他也学不会节制和自律了。 对于孩子的物质需求我们只需合理满足，合理满足是指，孩子的要求是他的真实需要，而不是他贪心的欲望，那么你就可以满足他，否则就不要满足他。就像上面我亲戚的孩子，想买小汽车，他缺小汽车吗？不缺，家里已经有很多了，已经完全可以满足他的需要，那么这个要求就不是他的真实需要，不应该满足他。

一个人的欲望是无穷尽的，永远无法全部得到满足。我们对孩子的欲望只需也只能适度满足，不需要全部满足。一个不知节制、没有自律能力的孩子非常危险，也非常可怜，他管束不了自己的言行、金钱和欲望，他很难抵抗诱惑而放纵自己。这样的孩子成年后容易出现财务危机、职场危机及人际关系危机。倘若父母不想孩子变成这样，那就尽早培养孩子的自律能力吧。

✿ 从长期的家务中培养孩子的责任感

那天吃完午饭，7岁的周周照例要洗碗。

我在厨房抹灶台，周周将碗里的食物残渣扔到垃圾筒，就在这个时候，她突然有了情绪："我讨厌洗碗！"

这不是她第一次说"讨厌洗碗"，"懒惰"是人类的天性，新鲜感过后，孩子会厌倦干活，这在我的意料之中，这个时候要让孩子坚持下去必须靠意志力。如果不严格要求，那么孩子就会心情好时干活，心情不好时不干活，三天打鱼、两天晒网，不能持之以恒。我一个教大学的朋友告诉我，他六成以上的学生做事情不能持之以恒，遇到困难便退缩，相对那些懂得坚持、不轻易放弃的学生，这部分学生就业更加困难。"坚持"是非常重要的意志品质，不管做任何事情，懂得坚持的人才有机会获得成功，半途而废的人注定要失败。

我想到那个和我一起长大的朋友，从小长在农村，要跟父母下田干农活，但是他每次都偷懒，跟父母谈条件，要求父母给一块钱他才下田，等钱到手便消失了，父母也不将他拉回来。成年后，他从事过许多工作，但每个工作都做不了多长时间，长则一年，短则一个月。他遇到过许许多多的机遇，但由于不能坚持做一件事情，没能积累经验，没做好准备，机遇来了也抓不住。当然，他失败的人生还有其他因素，但最重要的一个原因是他不能坚持。

亨利·克劳德博士在《为孩子立界线》一书中反复强调"未来就在今天"，我深以为然。如果那些大学生的父母能够看到孩子未来因为不懂坚持而不能顺利就业，那他们一定会在孩子做事半途而废时严格要求；如果我朋友的父母能够看到儿子成年时人生的失败，那么他们就会在儿子干活偷懒玩失踪时将他拉回来，不准他溜走。

我从洗碗这件事看到了孩子的未来，如果我不严格要求孩子坚持洗碗这项工作，让她想洗就洗，不想洗就不洗，那我就是在纵容她偷懒，纵容她放弃，那她就学不会坚持，未来可能因为不懂得坚持而失去工作或机遇。

"我小时候也挺讨厌干活的，"我回应道，"不过，讨厌归讨厌，活仍然要干。"

"我真想换一个家。"周周烦躁地拨弄着碗，"换到一个不用干家务的家庭！"

"我就随便洗一下算了！"她边洗边嘟囔着。

"那可不行，要洗得干干净净的。"我说道。

一阵叮叮当当之后，碗洗完了。"我将抹布扔到楼下去了，妈妈。"周周回过头冲我说。

"真的？"我走过去上上下下看了下灶台，发现抹布果然少了一条。这家伙心怀不满，拿抹布泄愤了。

"请你去捡回来。"我严肃地说。

"哦。"周周换鞋出门，我跟了出来。坐电梯到楼下，周周寻找了一圈，没有找到抹布，愁眉苦脸地说："明明朝这里扔的，怎么不见了呢？妈妈，找不到了，怎么办呢？"

"你说怎么办呢？"必须让她为自己的行为承担后果，我想。

"从我的零花钱里拿出钱去补一条抹布……"周周小声地说。

我心里窃喜了一下，孺子可教，愿意为自己的行为担责。但她抗拒劳动、不愿坚持必须从严教育。"你很讨厌洗碗，很生气，所以扔抹布来发泄你的怒火，是吗？"

"是的。"

"那么你认为洗碗是你应该做的事情吗？"

"不是。洗碗应该是爸爸妈妈的事情。"

我坐下来，拉着她的手说："你认为家务活爸妈有责，你不负责，这是非常错误的想法。家务活是家里每一个人的责任。你小时候还不会做家务时，爸爸妈妈不要求你做家务。现在你长大了，有能力干部分家务活了，你就有责任承担力所能及的家务。因为你要吃饭、要穿干净的衣服，假如我们都不干家务，哪里有饭吃？哪里来干净的衣服穿呢？妈妈希望你能够将洗碗当成你的工作，一直坚持下去。你好好想想。"说完，我进自己的房间了。

过了一会儿，周周进来了，手里拿着一张剪成爱心状的白纸："妈妈，对不起。"她递给我那张字条，上面写着：妈妈，我想了一下，我是错了！对不起。妈妈，我爱您。我拥抱她，对她知错就改的勇气表示欣赏。后来，她果真掏了五块钱零花钱给我买抹布，她明白这是她应该承担的。

那次之后，周周仍然偶尔想偷懒不洗碗，但即使不想洗也一路坚持下来了。现在，洗碗已经跟上学写作业一样，成了她每天必须做的工作了。

☆ 挫折教育不可缺

傍晚，两岁多的周周在玩新买的积木，这种拼插的塑料积木是她第一次玩，由于拼插的接口不一，需要仔细观察找准相对应的接口才能拼插好，这对她而言是一个新的挑战。玩了一会儿后，周周碰到困难了——两块积木怎么也插不进去！周周小脸憋得通红，用尽全身之力再试一次，还是不行！她气急败坏地把玩具往地上一扔，哭了："这个玩具不好，拼不进去，我要扔掉它们！"

如何面对挫折和困难？是发发火便放弃，还是继续努力攻克难关？这大概是每个孩子都要面对的事情。周周正在气头上，她把"不顺眼"的玩具扔到地上，一边哭一边说："我生气了！我发脾气了！"过了一会儿，她慢慢平复了。我对她说："刚才这些积木拼不好，你生气了对吧？"周周点点头。我接着说："要怎么样才能拼进去呢？要不要想个办法再试试？"周周开始再次尝试，中途又碰到"挫折"好几次，她一边烦躁地哭泣一边动手，碰到她正确地拼插好一块积木，我及时肯定一下，随着拼插正确的积木越来越多，慢慢地她不再烦躁，嘴角露出笑意。最后，她成功地拼插了一组餐桌椅。我朝她竖起了大拇指，她满足地笑了……

很多孩子遇到困难也像周周这样，喜欢哭或者发脾气，比如，扣扣子总是扣不上、玩玩具总也插不进、剪纸老是剪不好，碰到这样的挫折时，孩子会烦躁。孩子为什么一遇挫就哭呢？这是因为孩子年龄小，各项能力还不足，某些事情大人能轻而易举地完成，对于孩子却很困难，这让他们觉得挫败和无能为力，从而产生沮丧和烦躁的情绪。

其实，遇挫哭闹比不哭闹直接放弃要好，只要孩子在哭闹的同时没有停止尝试，家长就应该肯定。孩子一边哭闹、一边尝试，说明他试图克服困难，此时家长应该接纳孩子烦躁的情绪，帮助孩子分析失败的原因，耐心等待并鼓励孩子对困难发起"进攻"，直到最终克服困难。孩子在克服困难后会产生成就感和自豪感，感觉到自己的"力量"，并激发下次面对挫折勇于挑战的信心。

在充满逆境的当今世界，事业的成败、人生的成就，不仅取决于人的智商、情商，也在一定程度上取决于人的抗挫折能力。我想起了自己的亲身经历。我9岁的时候，父亲患尿毒症，14岁时父亲去世，留下巨债。我的成绩一直名列前茅，我非常希望能上重点高中，然后考大学。次年中考，填报志愿的时候，老师们考虑我的家庭条件差，家中欠着巨债，纷纷劝说我放弃上高中，直接考师范（那时师范的录取线比重点高中还要高），因为读师范的费用很低。考虑到实际情况，我觉得老师的建议有一定道理，为了不增加家庭的负担，我放弃了大学梦想，读了师范。于我而言，这是一个无奈的选择，也是一个巨大的打击，人生的第一个梦想破灭了。

毕业时，我原本可以被分配到一家机场的附属幼儿园，不过由于没有"关系"，被别人顶替了，这又是一个不小的打击。当时我郁闷了很长一段时间。后来我被分配到一家国企的幼儿园，刚去时并没安排到幼儿园老师的岗位，而是被踢皮球似的在各个部门"客串"——食堂帮工、车间油漆工、拧螺丝工，工作非常辛苦。

对于出身农村、常干农活的我来说，身体上的辛苦倒不算什么，令人难受的是精神上的歧视。那个时候的我身材瘦弱，看起来一副弱不禁风的样子，所以经常有同事轻蔑地说："这么个瘦瘦弱弱的小妹子到车间能干什么？"也有人同情地说："可惜呀，读了这么多年书，居然来干这种粗活！"那些或轻蔑或怜悯的眼神和话语让我心里一阵阵刺痛。刚到单位的时候，没有安排宿舍，有个好心的大哥帮我占了一间宿舍，我在那儿住了一个晚上。第二天，我下班回到宿舍，看见自己的行李、铺盖全被人扔在过道上……

当时，我每个月的工资只有100.9元，还常常不能按时发，一般到了发完工资后的第20天左右，我就没钱吃饭了，不得不去找同事朋友借……那段日子是我人生中最黑暗的时期，不要说实现什么梦想，每个月有钱吃饭就不错了。在那些看不到希望的夜晚，我写了一句话放在床边鼓励自己：是金子总会发光的。现在想来这句话有些幼稚，不过很符合当时的心境。每当我意志消沉的时候，就会想到这句话，嘱咐自己不要消沉，总会有出路的。

不久后，我们车间用计件的方式付酬，即工资与工作量挂钩。我的任务是组装耕田机的配件（拧螺丝），这个事情虽然不要太多的技术，但要组装得快还是需要方法的。我于是暗暗琢磨，找到效率最高的组装办法，加上从小跟着父母在田里干农活，能吃苦耐劳，所以那一个月我组装的耕田机挺多的。发工资的时候，我是所有女工里面工资最高的。车间的同事们都惊呆了：当时我们车间的女工工龄都比我长，工作经验比我丰富，个头也都比我大，谁都没有想到我这么个瘦瘦弱弱、毫无经验的小姑娘能拿到最高工资！这件事让同事们对我刮目相看，从那之后大家都非常尊重我，再也没有轻视了。

好景不长，3年后，我们单位处于半停产状态，我和大部分职工都被"放假"了（其实就是下岗）。突然失去了工作，我心里非常恐慌，这算是我人生中的又一次挫折吧。后来我去了一家私立幼儿园打工，那所幼儿园开给我的工资是每月300元，管中餐。这样的待遇仅仅够吃饭，不过我很满足，因为当时如果没有这份工作，我连吃饭的钱都没有。

现在回过头来看那段经历，那些逆境和磨难是我的宝贵财富，它们磨炼了我的意志，锻炼了我面对困境的处理能力。那几年里接二连三的挫折，让我有了较强的心理承受能力，为我后来创业打下了坚实的基础。在后来的创业过程中，我又遭遇到很多重大挫折和打击，都挺了过来。毫不夸张地说，如果我没有经历年少时的那些挫折和艰难，就不会有后来事业上的小成绩。

孟子说：天将降大任于斯人也，必先苦其心志，劳其筋骨。所有的成功者有一个共同特点：在挫折中奋起，越挫越勇、百折不挠。李嘉诚的经历就是一部逆境中的奋斗史：幼年家境贫穷，14岁丧父，1944年，16岁的李嘉诚到他舅舅所开的中南公司工作，从学徒开始做起，做扫地、烧水、倒水、跑堂等杂事。后来他跳到一间小工厂——塑胶裤带制造公司做推销员，每天都背着一大包样品，走街串巷。22岁他创业开办长江塑胶厂，几年后濒临破产……而美国的《成功》杂志每年都会报道当年最伟大的东山再起者和创业者，他们的传奇经历中有一个相同的部分，那就是他们在遇到强大的困难和逆境时，始终保持乐观的态度，从不轻言放弃。

不仅是事业的成功，幸福的人生一样要有较强的抗挫折能力，这样在任何挫折面前才能泰然处之，永远乐观。所以挫折教育也是在培养孩子寻找幸福的能力。

我们做父母的都希望自己的孩子能抗挫折，但是我们却也常常不知不觉地扫清摆在孩子面前的障碍。比如，孩子摔倒了，我们会赶紧跑过去扶起他，如果看到孩子摔破皮或有个包，更是心疼得不行。"摔倒"，这是多么好的挫折教育机会呀，只要不是太严重，一般的小磕小碰孩子完全可以在哪里摔倒就在哪里爬起来，我们一伸手扶孩子，就无意中剥夺了孩子靠自己的力量爬起来的机会。常常这样的话，孩子再摔倒就只会一边哭一边等着别人来扶了。

我听朋友说过这样一件事，他家亲戚的孩子，一个二年级小学生，每天晚上被奶奶强迫拉大便，因为老人家担心孙子在学校拉大便不会处理。注意，孩子上二年级了，可不是幼儿园的小宝宝哦。这位奶奶就是在帮孙子扫清障碍，她的出发点是帮助孙子，但是她在清除孩子前面的障碍时，同时也把孩子宝贵的磨炼机会给清除掉了。我们能一辈子跟在孩子身边清除障碍吗？我们没办法陪伴孩子一辈子，总有一天我们会老去、死去，到那个时候，我们的孩子面临的是一个竞争更加激烈的社会，当独自面对人生的难关时，他该如何是好呢？

所以，一方面我们希望孩子能耐挫折，另一方面我们又不给孩子磨炼的机会，这其实蛮矛盾的。站在孩子的角度去考虑，遇到挫折的时候也是孩子非常期望有成就感的时候，能靠自己的力量战胜挫折比父母任何表扬的话都管用。那么，给孩子进行挫折教育该如何入手呢？现在的孩子生活条件都比较优越，要不要让他们吃苦锻炼呢？

挫折教育不必刻意制造挫折，不要帮孩子避掉生活中的"挫折"即可。因为日常生活环节对于孩子而言，处处是挫折、挑战，譬如，第一次穿衣服、吃饭、打扫等对孩子来说都是挑战，孩子做这些事情都需要经过多次尝试，经历多次失败，克服多次小困难，才能最终学会。日常生活中处处是挫折教育的机会，生活中一定要让孩子做力所能及的事情，解除包办代替，不要伸手相助。生活都不能自理的孩子，依赖思想严重，解决问题的能力差。只有解决问题的能力强了，依赖思想解除了，孩子才有能力和信心去战胜挫折。

记得周周3岁的时候，和晓晓在小区花园玩"奥运宝宝向前冲"的游戏，她们把长凳当赛道，以长凳之间的一个底边长约40厘米的水泥方柱为关卡，抱着柱子从一条长凳跨越到另一条长凳就算过了一关，最后那条长凳为终点。一人在"赛道"过关，另一人攀附在葡萄藤上曰"吊环"。她们大概是看了一个叫作《智勇大冲关》的节目获得的灵感。她们一遍遍玩着这个游戏，乐此不疲。这时，一位老奶奶走过来，在其中一条长凳上坐下来，这样就挡住她们的"赛道"了。周周看见了，走到老奶奶跟前，看着老奶奶，想说又怕说，犹豫了一会儿，转向我喊："妈妈，妈妈。"我鼓励她："你说呀！"周周说："妈妈说。"我继续鼓励："我觉得这个事情你能解决，你和奶奶说，奶奶应该会帮你的。"说完，我走得更远了。周周眼看求助无望，意识到只能靠自己了。经过了一番挣扎之后，周周终于鼓起勇气对奶奶说："奶奶，能不能让一下呀？"奶奶惊讶地问："为什么呢？"周周说："我要做'奥运宝宝向前冲'的游戏，需要从这里走过去。"老奶奶笑了："好，好，那你向前冲吧。"说完，奶奶愉快地起身走了。周周愉快地说："谢谢您。"转过头对我会心地笑了。

当孩子遇到困难的时候，如果家长在身旁，孩子会本能地求助于家长。这时如果家长伸出援手，就会剥夺孩子学习如何战胜困难的机会，长此以往，孩子遇到困难就会习惯性地求助或退缩。家长适时鼓励或适当离开，才能让孩子有机会独自面对困难和挑战。但是"适当离开"不能一刀切，要对当时的情况进行评估，你要预估一下当前的困难是不是经过孩子的努力可以克服，如果孩子努力一把就可以解决，那么你就可以放手让孩子自己解决，如果这个困难与孩子的实际能力相差太远，是一个不管孩子怎么跳也摘不到的"桃子"，那么你就不能把它全部丢给孩子，而应该支持孩子，和孩子一起分析原因，找到解决办法，直到问题得到解决。

✪ 自私，从第一次独占开始

有一天吃晚饭的时候，周周爸只是吃青菜，不吃排骨，这并不是因为他不喜欢吃排骨，他只是习惯性地把好吃的留给我们。我赶紧给他碗里夹了两块排骨，周周看到了，着急地说："爸爸不要吃排骨，待会儿我没有了。"我对她说："爸爸还没有吃排骨，而你已经吃了几块了。你这样不让爸爸吃排骨，只顾自己吃，爸爸妈妈会难过的。好东西应该和大家一起分享，不能只顾自己的。"

听我这么说，周周的态度马上来了个一百八十度大转弯，夹了一块排骨放到爸爸碗里，又夹了一块放到我碗里，嘴里说："给爸爸分一块，给妈妈分一块。"

小孩子不用教，他们天生就知道自私。你去看那些一两岁的刚刚能区分大小、先后的小宝宝，他们吃东西就知道要更大的，玩玩具就知道要自己先玩。当孩子出现自私行为的时候，我们就要及时教导孩子，不要只顾自己，也要想着别人。这一点非常非常重要，因为如果我们不及时引导，孩子就会觉得他这样只顾自己不顾别人是对的，那么"自私"的小芽芽就会在他的心里生根、长大、枝繁叶茂。等到那个时候，你再去教孩子"不要只顾自己，也要想着别人"就太迟了。

你也许会感到困惑，"人不为己天诛地灭"，人不都是自私的吗？我们教孩子不要自私，将来孩子会不会吃亏呢？你的想法没错，人的天性都是自私的，但是同时人也是有良知、道德和理性的，所以人也可以约束自己，不只是自私自利，而是去为其他人着想，这是人区别于动物的地方，也是人类文明社会区别于动物丛林的地方。至于我们教孩子不自私会不会吃亏，你想想，在一段婚姻中，你希望你的另一半是自私自利的，还是会替你着想的呢？如果你的另一半无论做什么只顾自己不顾你，不关心你，不考虑你的感受，你感觉会是怎样的呢？我带领了多年父母成长小组，据我了解，除婚外情以外，婚姻中的矛盾大多数是从一方或双方只顾自己不顾对方开始的，比如，谁洗碗、谁做饭、谁管娃、过年去婆家还是娘家……在这些鸡毛蒜皮的小事里，夫妻一方或双方只考虑自己的益处，只想着自己很辛苦，只想着自己少做点对方多做点，不站在对方的角度考虑，那么矛盾一定会爆发。我看到过的和睦的婚姻都是夫妻之间懂得为对方着想，而不只是求自己的益处。婚姻是这样，职场何尝不是如此呢？你想想一个办公室的同事，一个是自私自利的，一个是懂得合作、懂得照顾他人的，你更喜欢哪一个呢？

你看，一个自私的人无论在婚姻还是在职场，他的人际关系都不太可能会很好，反之，一个懂得替别人着想的人，他的人际关系会更好，他在群体中会更受欢迎，所以，你还担心教导你的孩子不自私、替人着想会吃亏吗？短期看，他或许会吃点小亏，但是长远看，他吃的那点小亏都是对他未来的祝福。

在生活中，孩子的"自私"往往被父母忽略，或者是父母没有意识到孩子的某些行为是自私，或者是意识到了孩子是自私的但是觉得没什么关系。如果你在孩子小的时候忽略了这一点，没有在孩子出现自私行为的时候及时教导他，那么孩子再长大一些，他的自私就会让你感到头疼了。

我们成长小组一位妈妈在邮件中说了这样一件事：周老师，昨天下午我和儿子骑车在回家的路上，突然电话响了，我将车子停在路边接电话，儿子在我接电话时，下车在旁边堤上溜达了一圈，最后在离我车子不远的地方蹲下来玩沙子。电话挂断后，我说：我们走吧。儿子不理我，我说：怎么了，你还要玩会儿吗？儿子站起来，生气地说：我刚才喊你，你没听到啊？你的耳朵聋了吗？我说：你喊我了吗？我在打电话没听见呀。儿子说：你右边耳朵听电话，左边耳朵也可以听见啊。听到他这样说，我很生气，也很难受。类似的事情其实很多，我儿子已经6岁多了，他还是这么不懂事，这么自私，从来不会站在别人的角度考虑，不会体谅人，我觉得寒心，更觉得失败，我怎么把儿子养成了这个样子？

另一位朋友讲了一个更悲伤的事情，说一位妈妈得了癌症，人快要不行了，家里的亲人都来到医院，来见她最后一面。病房里一片哭声，而她的亲女儿，一个21岁的大学生，在亲妈弥留之际似乎并不悲伤，等大家哭声平息下来，淡定地问道："我的手机坏了，什么时候可以给我买？"

看到这里，你是不是觉得倒抽了一口凉气？你有没有发现，那个6岁的他其实就是21岁的她？你以为这样的孩子只是个例？并不是，生活中有大把这样的孩子，只是他们的表现程度不同而已。我们辛苦养育孩子，并不求孩子给我们多少回报，但是如果孩子自私冷漠到这样一个地步，怎么不令人心寒齿冷呢？

那么，我们具体该怎么做，才能避免孩子冷漠自私，让他成为一个暖心的孩子呢？

☆ **第一，不要把孩子当成家庭的中心**。在家庭中，夫妻关系应该放在最重要的位置，然后才是亲子关系。我看到很多家庭，特别是妈妈，把孩子看得比丈夫更重要，吃什么、玩什么、时间安排，都是从孩子的角度考虑，比如，做什么菜，会考虑哪些菜是孩子喜欢的，就做哪些菜；出门玩，会考虑哪个地方适合孩子玩，就去哪里；时间，下班后的时间主要花在送孩子上培训班、陪孩子写作业和玩上面，而夫妻单独聊个天的时间都很少。孩子成为家庭的中心，他是你的天，你的王、你的全部，他就一定会变得以自我为中心，因为他习惯了别人来迁就他，而不会从别人的角度去考虑。

☆ **第二，不要让孩子享受特权**。有一位朋友曾经和我聊了他家的一件事，很有趣。他是一位企业家， 有一次在家里吃饭，饭桌上有他和妻子、女儿女婿，还有他的小外孙，桌上有盆虾，他看到他的妻子和他的女儿都忙着在给孩子剥虾，虾吃完的时候，他发现几个大人每人都只吃了一两个，而其余的虾都给小外孙吃了。他说他发现这个事不对劲啊，这样养孩子，以后还不得养出一个自私自利的家伙啊。这个就是典型的让孩子享受特权，我知道这种事发生在很多家庭的餐桌上。

另一位4岁孩子的妈妈说，他们家有时炖鸽子汤，基本上整只鸽子都留给了孩子，大人舍不得吃，后来儿子觉得好东西就应该由他独享。上面那个说妈妈耳朵聋了的孩子，他在家就是享受特权的，奶奶每餐会格外做一个菜给他"专享"，对于他的要求也是有求必应。大多数家长都是这样，把好东西都留给孩子，你把好东西留给孩子是没错，但是同时你也得教孩子把好东西留给别人，不然你就是在训练孩子变得自私。

☆ **第三，在孩子出现自私行为的时候，及时教导孩子。**每一次孩子出现自私的行为，我们就要告诉孩子那是错误的，要考虑别人不能只顾自己。就像本文开头说的，当周周不要给爸爸吃排骨的时候，我立刻引导她，吃东西不要只想着自己，也要考虑别人。餐桌上是一个教导孩子不自私的最常见的地方，我记得周周两岁多的时候，有一次我做了一盘红烧猪脚，周周很喜欢吃，把盘子拖到了自己面前。我说："你把喜欢吃的菜放到自己跟前，这样我们就夹不到了呀。要放到中间，这样大家都可以夹到。"边说我边把盘子放到了中间。"你喜欢的菜，别人也可能喜欢，不要只顾着自己吃，要给别人留。"这是我常常对孩子们说的一句话，我觉得在餐桌上只顾着多吃点自己喜欢的菜是一种很自私、很恶劣的行为。

不仅是吃，孩子自私的行为还可能出现在其他方面，比如，抢玩具、插队等，凡是你觉察到孩子某个行为的动机是自私的时候，就要及时引导他。但是要注意，你教导孩子的时候，不要给孩子贴标签，比如，"你是个自私鬼""你是小气鬼"之类的，这除了损害孩子的自尊，没有别的益处。人的本性就是自私的，所以孩子出现自私的行为很正常，我们要在接纳的基础上，再去教导孩子。

✰ 拥有好心态，就要教孩子敞开胸怀

晚上，我正在洗澡，忽然听到周周敲门，略带哭腔地说："妈妈，晓晓把牛奶泼到了我的衣服上，我变成了一只落汤鸡！你快出来呀。"我说："好，妈妈在穿衣服，你稍等一下。"我穿好衣服出来，周周满脸沮丧地站在门口，看见我，她迫不及待地向我告状："晓晓端着杯子给我喝牛奶，突然她把牛奶泼到了我的衣服上。妈妈你看，这里，还有这里，到处都是牛奶！我变成了落汤鸡，我要换衣服。"

换了衣服出来，周周已经没事了。我看见晓晓坐在沙发上闷闷不乐。外婆告诉我，刚才泼了牛奶之后，周周责怪晓晓，还打了她。晓晓5岁，比周周大1岁半，她很懂事，处处照顾周周，给周周擦鼻涕、喂饭、喂药。有时周周打了她，她也不还手，只是抓住周周的手，不让周周继续打她。我猜测晓晓应该是在给周周喂牛奶，只是不小心把牛奶泼了。晓晓是"好心办了坏事"，而周周抓住她的失误不放，还打了她，她正委屈着呢。周周这么计较可不好，得赶紧引导她，不要紧紧抓住别人的失误不放。

我把周周抱在腿上，问她："刚才晓晓是在喂你喝牛奶吗？"周周说："是的。"我说："那她是在照顾你了。我知道牛奶泼在身上黏糊

糊的是不舒服，不过我们换掉衣服就好了。"周周点点头。我接着说："她是不小心泼了牛奶的吧？"周周点点头："是的。"我接着说："你责怪晓晓，还打了她，是吗？"周周点头承认了。我温和地说："你还记不记得，有一次你不小心打破了一个碗，你很害怕，你说你是不小心的。妈妈有没有责怪你？有没有打你呢？"

周周小声地说："没有……"

我说："妈妈宽容了你。如果你上次打破碗的时候，我狠狠地责怪你，还打你，你会是什么感觉呢？"

周周说："我会伤心的。"

我说："今天晓晓泼了牛奶在你身上，也和你上次打破碗一样是不小心的。你责怪她，还打了她，你说她现在是什么感觉呢？你看看她现在开心吗？"

周周侧过头看看晓晓说："她不开心。"

我说："所以呀，对别人的失误，我们不要计较，要原谅对方。"周周认真听着，没有说话。

顿了一会儿，我接着说："你觉得你现在应该怎么做呢？"周周从我腿上下来，走到晓晓跟前，捧着晓晓的脸，说："对不起。"还拥抱了晓晓一下。

周周早就忘记了"落汤鸡"的不快，但晓晓依然闷闷不乐，显然还没有忘记周周的责怪和打她带来的委屈，这种委屈需要一点时间来消化。在接下来的一小时里，任凭周周怎么喊"晓晓"或是"晓晓姐姐"，晓晓始终没有理睬周周，周周觉得挺没趣的。我想，这是一件好事，让周周明白：当你伤害了别人的时候，一句"对不起"还远远不够。经历晓晓对她的冷落，她会更加懂得尊重和体谅别人的感受。

"海纳百川，有容乃大。"宽广的胸怀对于一个人来说太重要了。

☆ **第一，一个人心态好不好，取决于他是不是有宽广的胸怀。**心胸狭窄让人常常不开心，比如，被别人冒犯了，心胸狭窄的人会把这件事放在心里，很久都不能释怀，一想到这个事便如鲠在喉，这样他就总是不开心。而一个心胸宽广的人被人冒犯了，可能当时感觉不舒服，但很快就不当一回事了，不会长久影响他的心情。

☆ **第二，心胸宽广的人内心更强大，不容易受到伤害。**仍然是前面这个例子，被某人冒犯了，心胸狭窄的人可能会觉得那个人是故意针对他，想不通为什么那个人要这样对他，不知不觉地把自己放到了受害者的角色，俗称"玻璃心"。而心胸宽广的人对别人的冒犯更多会从善意的角度去归因，不会往心里去。

☆ **第三，心胸宽广的人能够更好地与别人相处。**因为他不爱计较，所以他不容易和别人产生矛盾，即使和别人发生矛盾他也不会耿耿于怀，很快就能跟别人和好。而心胸狭窄的人喜欢斤斤计较，这样就很容易跟别人产生矛盾，而一有矛盾他又久久不能释怀，很难和别人和好。心胸狭窄的人敏感、脆弱，别人跟他关系走得比较近的话，会觉得很累，一不小心怕他又不高兴了，又得罪他了，所以大家自然是"惹不起躲得起"，纷纷远离。

综上，我们在孩子还小的时候教导孩子要心胸宽广，不要斤斤计较就尤为重要了。下面我会聊聊我们具体可以做些什么。

不要恶意归因。恶意归因就是将别人的行为解释成为对方有敌意

/恶意。举个例子，小明用积木搭建了一个高塔，突然他看到客人家的小弟弟正往他搭建的高塔那边走，他立刻护住他的高塔，凶巴巴地对小弟弟说："别靠近！不要弄坏我的高塔！"看，这就是恶意归因，小明把小弟弟往积木高塔这边走的行为解释为"他想破坏我的高塔"，这使得小明认为小弟弟对自己有敌意，所以他立刻对小弟弟产生了敌意。而实际上，小弟弟只是想去拿高塔那边的另一个玩具，根本没有想去弄倒高塔。

习惯于恶意归因的孩子心眼特别小，他们总是会将别人的行为解释成故意的，或者是对自己有敌意。当孩子有恶意归因的倾向时，我们就要及时引导孩子，纠正孩子的归因偏差，帮助孩子客观地看待人和事。拿上面这个例子来说，孩子将小弟弟的行为解释成恶意的，那么我们要赶紧叫停孩子，让他看看，小弟弟到底走过来是想做什么呢？他真的是要弄垮你的高塔吗？还是他想拿别的东西，或者他只是从这里路过？让事实来告诉孩子，他的归因是错误的，然后帮助孩子学习客观地归因，小弟弟从这里走过去，有下列几种可能性：路过、拿别的东西、想和你一块玩高塔、推倒高塔。你不用着急，等小弟弟走过来，看看他到底是要做什么，而不是很凶地对他吼，这样会让小弟弟很难过。退一万步说，即使小弟弟过来是想推倒你的高塔，可能他也只是好奇，那么你也可以在他想要推倒高塔的时候温和地制止他，告诉他，如果他不推倒高塔，你会带他一块搭高塔。

不要揪住别人的过错不放。如文首的例子，在别人的失误或者错误给孩子带来影响的时候，我们一方面要接纳孩子当时的感受，一方面要及时引导孩子，让孩子设身处地站在对方的角度着想。如果你做错了一件事情，你是希望别人不断地责怪你、埋怨你，甚至打你呢，还是希望别人原谅你？让孩子学会包容别人。当然，这也需要我们家长做好榜样，平日里当孩子犯错时，只要他认识到自己的错误，我们就要马上原谅孩子，不要揪着孩子的错不放。

不要过分计较得失。不论是吃什么玩什么，或者做其他什么事情，我们要注意引导孩子不要过分计较自己的得失，不要跟别人争抢。

✦ 养宠物不应该只是为了一时取乐

晚饭后散步，我碰到一个五六岁的小男孩在遛鸭子。他提着一个小铁笼，小鸭子装在里面，笼子很小，刚刚够小鸭子转个身。小男孩打开铁笼子的门，一把抓住小鸭子的脖子，把小鸭子从笼子里揪了出来，小鸭子挣扎着发出"啾啾啾"的哀鸣。男孩爸爸说："你这样会把小鸭子弄死的！"小男孩对爸爸的话没有反应，粗鲁地把小鸭子扔在草地上。

小鸭子的噩梦这才刚刚开始。起先，小男孩追赶小鸭子，小鸭子吓得啾啾地叫，被追赶了十几圈后，它仿佛知道自己无法逃脱，只好缩着身子不动了。小男孩见小鸭子老老实实地不动了，得意地笑了。然后，小男孩揪住小鸭子的脖子，一会儿把它关进笼子，一会儿又把它从笼子里拎出来，反复折腾。最后，他把小鸭子拎出来，又开始追赶小鸭子的游戏，有时小鸭子不按他的路线跑，他就踢小鸭子几脚。这时，两个年龄相仿的小男孩加入了追赶小鸭子的队伍，三个孩子各据一方，把小鸭子围在中间，小鸭子无处可逃，东张西望发出啾啾啾的哀鸣，三个孩子觉得有趣极了，放声大笑。

我在旁边看得很难受，但鉴于小男孩的爸爸就在旁边，我一直没有上前阻止，毕竟这是人家的孩子，我想大概家长会管管吧。不过，这位爸爸一直在旁边玩着手机，除了看到儿子抓住小鸭脖子的时候轻飘飘地说了几次"你会把它弄死的啦"，再没有采取什么实质性的措施来制止，况且儿子把他这几句话当成了耳边风，一点用都没有。

后来，男孩一直在折腾着小鸭子，我按捺不住还是走了过去，我温和地对他说，小朋友，你看小鸭子很害怕，你不要追赶它了，更不要掐住它的脖子，它很痛的。你看它好可怜，一直在叫，要是你喜欢它的话，就在旁边看着它，让它自由自在地玩吧……另一位妈妈也随声附和，试图阻止这个孩子。但是没有用，这孩子完全不听，依然我行我素。

这样的场景我并不陌生，曾经很多次在动物园、公园等地方看到有孩子追赶、戏弄和攻击小动物，也曾看见有小孩子追赶自己养的小兔、小鸭等，他们跟上面这个小男孩一样，看到小动物吓得四散奔逃，不但对小动物的痛苦和惊恐视若无睹，反而从中得到了很大的乐趣，百玩不厌。

小孩子这样做大多是出于无知，把小动物当成玩具取乐。他们不懂小动物不是小物件和玩具，而是一条活生生的生命。但是家长应该懂这些，如果家长不及时制止和引导，那么孩子会以为他可以把自己的快乐建立在小动物的惊恐和痛苦之上，他不懂得敬畏生命，不知道同情、照顾弱小，反而去戏弄、欺负弱小，简单说，孩子在这个过程中学会了自私和残忍。

所以我们需要思考，当我们选择给孩子养小动物的时候，我们希望给孩子带来什么呢？是满足孩子玩乐的心？还是让孩子在饲养的过程中学习照顾小动物，学会负责，懂得爱护关心弱小，懂得敬畏生命，并

在这个过程中体验到乐趣？ 如果你仅仅是因为拗不过孩子闹着要养小动物，买一只小动物供孩子玩乐，却不指导孩子如何爱护它，如何关心照顾它，就如上面这个小男孩的家长一般，在孩子追赶、戏弄、粗暴对待小鸭的时候无力阻止和教导孩子，那么养小动物这件事对你的孩子只有害处，没有任何益处。

康德说：人必须以仁慈对待动物，因为对动物残忍的人，对人也会变得残忍。一些社会学家的研究证明，儿童时期对动物残忍的人，成年后犯罪概率更高。当孩子捏死小鸡、弄死金鱼、掐住鸭子、追赶小动物时，你千万不要忽视，以为没什么大不了的，死了再买一只就是……仁慈和残忍同时存在于孩子们的心里，要扬哪个、抑哪个，很大程度上取决于你对孩子的教导。

周周也特别喜欢小动物，三四岁的时候在家里养过小兔子和小鸭子，因为非常喜欢它们，她常常忍不住想抱住它们，或者跟在它们后面跑，把小鸭子和小兔子给吓到了。我告诉她，你喜欢它们是吗？喜欢它就应该让它自由，你喜不喜欢别人一直抱着你，而且抱得很紧呢？你喜不喜欢别人在你后面追赶你呢？听我这样说，她就松开了，但时不时忘了又去追赶它们……所以需要时刻提醒她。一段时间后，她慢慢学会去照顾它们，而不是总想着控制它们。后来，由于我们家住的是高楼，并不适合饲养小兔和小鸭，小兔和小鸭长大一些后，我把它们送到了乡下外婆家。我告诉周周，小兔和小鸭在我们家只能关在笼子里，很不自由，外婆家有广阔的树林和草地，那里才是适合小兔子和小鸭子生活的地方。虽然很舍不得，周周还是接受了。打那以后，我们不再轻易饲养不适合在高楼喂养的小动物了。

有条件的话，给孩子饲养小动物是很好的，可以让孩子学习照顾小动物，定时给它们喂食，定期清理它们的粪便，在这个过程中去学习负责、付出、服务和关心爱护弱小。我们要教导孩子，既然喂养了小动物，就要善待它们，关心照顾好它们，而不是仅仅拿它们取乐。不然，我们就是在训练孩子变得自私、冷漠甚至是残忍。

✿ 为何孩子不愿意分享——分享一定不是被强迫的

懂得分享，是一种美德。如果一个孩子不会分享，就算守着大堆的玩具和美食，他也是孤单的。引导孩子学会分享是非常必要的。很多家长经常教育自己的孩子要学会分享，但结果是家长越"教育"孩子分享，孩子就越是不愿意和别人分享。这是为什么呢？

周周4岁的时候，早上出门玩，外婆拿了一些周周的糖果揣到兜里，说是要带给小朋友吃。周周不乐意地说："我不要给别的小朋友吃。"外婆说："别的小朋友都拿过糖果给你吃的呀，你也要和别人分享嘛。"周周执拗地说："就是不要给别人吃！"外婆生气地对我说："这孩子不懂得分享。"

听到这句话，周周委屈地哭了起来，边哭边说："就是不愿意给小朋友吃！"外婆恼火地把糖果塞了回去。我示意外婆停止，我来处理这件事。其实周周平时很乐意和别人分享，这一次表示不愿意分享，可能是因为外婆没有征询过她的意见，就把她的糖果带上要分给别的小朋友。

我对周周说："妈妈建议你带一些去和小伙伴分享，我想你的好朋友吃到你分享给他们的糖，肯定会开心的，你觉得呢？"周周不哭了，说："我愿意给晓晓吃，她是我最好的朋友。我还愿意给思思和乐乐吃，她们都是我的好朋友。我只是不愿意给不认识的小朋友吃。"原来是这样，我笑着说："原来你还是愿意和小朋友分享的啊。"

在我们教孩子分享之前，我们先要尊重孩子，不要不征求孩子的意见就把孩子的东西分享出去。孩子虽小，但他们也和我们大人一样需要尊重，咱们换位思考下，如果我们的亲人问都不问我们，就自作主张把我们喜欢的东西送人了，我们心里是不是也会感到不舒服？所以如果是孩子的东西，我们可以建议孩子分享，但是不能擅自把孩子的东西分享出去，更不能强迫孩子分享。

有的家长会强迫孩子分享。一次，苗苗在看书，她带了两本书，蕊蕊想看另一本，苗苗不愿意。苗苗妈劝说苗苗借一本给蕊蕊，苗苗还是不愿意。苗苗妈说："你真小气！你不借给蕊蕊，蕊蕊下次不会跟你玩了。"

还有一次，苗苗在吃豆腐干，分了一包给周周，但是没有分享给蕊蕊，苗苗的外婆见了，拿过苗苗手里的豆腐干说："分一点给蕊蕊吃吧。"苗苗说："不行，我不愿意分给蕊蕊。"苗苗外婆说："你又不乖了，怎么这么小气呢？蕊蕊是不是你的好朋友？"她一边说一边准备撕开包装。苗苗哭了。我小声劝苗苗外婆说："这样强迫她分享不好吧？"苗苗外婆说："那由不得她，养成这种自私的习惯可不好。"说完，她拆开包装，拿出两片豆腐干给蕊蕊，剩下的还给了苗苗。苗苗见豆腐干被撕开了，哭着说："就是不要给蕊蕊！蕊蕊不是我的好朋友了……"苗苗外婆训斥道："你怎么不听话？这么自私！"

苗苗妈妈和外婆的出发点其实是挺好的，她们希望孩子不要自私，要分享，但是引导的过程有点简单粗暴，她们先是想方设法说服孩子分享，劝说无效后就给孩子贴上"小气""自私"的标签，并且"威胁"孩子："如果不分享，小朋友就不会跟你玩了"，或者"你不和别人分享，那以后别人也不会和你分享了"。她们这么做看上去没错，仔细想一下其实是有问题的。首先，一次不分享孩子就成"小气鬼""自私"了？这是给孩子贴标签，仿佛不分享就是道德败坏，就不是好孩子似的，让孩子挺有压力的。有时候孩子不愿意分享可能是因为自己想多吃一点，多玩一会儿，这很正常，我们应该接纳孩子的软弱，不要让孩子违心地分享。因为你强迫孩子分享可能导致孩子对自己的物品有不安全感，他把自己的物品看得牢牢的，害怕他的东西一不小心就被"分享"出去了，这样孩子就越发不愿意和别人分享了。其次，我们用"你不和别人分享，别人以后也不会和你分享"等类似的话来劝说孩子，这里面隐含的逻辑是"我今天和别人分享，是为了今后别人和我分享"，"如果别人不和我分享，我今后就不跟别人分享"，这种分享的动机是功利的，是要追求回报的，这不是真正的分享，这是交易，真正的分享是不要求回报的。你用这样的方式只能教会孩子做交易，利益交换，不能教会他真正的分享。最后，被强迫分享的孩子也会强迫别人与他分享。津津就是这样，经常被妈妈强迫与别人分享，比如，津津在骑单车，西西也想骑，津津不愿意，津津妈妈劝说他把单车借给西西骑一会儿。津津还是不愿意，但是津津妈妈一再劝说，最后津津妥协了，很不情愿地把单车借给了西西。没多久，津津就去抢西西的玩具，津津妈妈说："你不能抢。"津津理直气壮地说："西西也应该分享啊。"在孩子看来，自己的东西可以被强迫分享，就意味着他也可以强迫别人和他分享。

那我们怎样引导孩子学会分享呢？

☆ **第一，真正的分享应该是心甘情愿的，而不是被迫的。**被迫分享对于分享者来说那不叫分享，可能是"被掠夺"，或者是"讨好"，所以你强迫孩子分享是不能教会孩子真正乐意分享的。

如果孩子暂时不愿意和别人分享，我们可以建议，但不要强迫，可以正面引导他，当别的小朋友分享好东西给你的时候，你心里是什么样的感受呀？你是不是很开心？如果你愿意分享给小朋友，小朋友也会很开心哦。引导孩子吃什么玩什么不是只顾着自己，也会想着别人。一个只顾自己不顾别人的孩子很难有真正地分享，而一个心里常常想着别人的孩子更加乐意分享，所以我们可以有意识地引导孩子多多顾及别人的需要和感受。如果某次孩子主动分享了，我们及时肯定赞赏孩子的慷慨，并引导孩子去感受分享的快乐。比如，你觉得一个人玩玩具和几个好朋友一块玩玩具哪样更有趣呢？你的玩具分享给好朋友玩，好朋友很开心，你是不是也感到开心呢？心甘情愿的分享一定是快乐的，孩子体会到分享的快乐会更乐于分享。

☆ **第二，不要为了面子而忘记尊重孩子。**属于孩子的物品如玩具、零食等，我们不要没有问过孩子就将其借给或送给别人，是的，这样在人前显得我们做家长的非常慷慨大方，但是在孩子看来，我们根本没有尊重他。许多时候，并不是孩子不愿意分享，而是我们大人没有尊重孩子。设身处地地想想，如果我们的父母、领导连招呼都不打，便擅自做主把我们的东西送给了别人，我们是不是也会很不舒服呢？孩子和我们一样，有时需要的是尊重而已，孩子的物权被尊重，他才会发自内心地跟别人分享。

☆　**第三，不要随便给孩子贴上"自私""小气"的标签。** 即使你的孩子某段时间不愿意分享，也不要说孩子"小气"，贴标签容易固化孩子不好的行为或习惯，并不能改善孩子。你可以看看孩子为什么不愿意分享，然后有针对性地引导。

☆ 让孩子学会谦让，但不应该是毫无原则地谦让

谦让是孩子和人相处必不可少的一种美德，懂得谦让的孩子能和同伴和睦相处，能深受同伴欢迎。但是，有的家长会无原则地要自家孩子谦让，甚至明明知道不应该要自己的孩子谦让，但是碍于面子，好像不叫自己的孩子谦让就说不过去。

哲哲妈就是这样。

一次，哲哲和周周坐在长长的石凳上玩"开火车"的游戏，哲哲当司机，周周当乘客。他们玩得正开心的时候，奇奇走了过来，咕哝着要当司机，爬上石凳试图挤开哲哲。哲哲不乐意，死死占着司机的位置。奇奇没抢到司机的位置，哇哇大哭起来。哲哲妈闻声走过来，了解原委后劝哲哲："你让给弟弟吧，他小一些啊。"哲哲很不高兴，闷不作声，坐在那儿没挪窝。哲哲妈试图再劝，我对她说："是哲哲先在这里当司机的，如果奇奇想当司机，应该轮流来，而不是把哲哲挤开。"

哲哲妈惊讶道："难道不要教孩子谦让吗？"

我说："当然要教孩子谦让，但教孩子懂得谦让应该建立在遵守规则的基础上，不能教孩子向'错误'的行为谦让。"

哲哲妈说："啊，以前不管什么情况，我都是教育哲哲谦让的，譬

如，对方哭了、对方比他小、对方是女孩，等等。"

我说："对方哭了就该谦让吗？那么是不是遇到啥事他一哭一闹也可以得到谦让？下次他可能也会以哭的方式来要挟别人哦。年龄小、对方是女孩等，这些都不是谦让的理由。不分青红皂白地谦让也会让孩子觉得不公平，还会让孩子的规则意识混乱，分不清是非对错。你想想，如果你在大街上走，有个人来抢你的包包，你会拱手相让吗？如果你拱手相让，这是谦让吗？你会觉得挺荒唐的对吧？对违背公序良俗、法律法规的行为谦让那不叫谦让，那叫懦弱、叫纵容。同理，我们教导孩子谦让的前提应该是遵守规则，我们不能教导孩子向违反规则的行为如插队、抢夺谦让，那样对两个孩子都没有好处。"

哲哲妈恍然大悟："有道理哦。难怪我总是叫他让着别人，而他却总是喜欢抢别人的东西。"

我说："这个是肯定的，因为你强迫他谦让，你传递给他的信息就是他也可以强迫别人谦让。"

哲哲妈恍然大悟："我明白了，可是他和别的孩子争执起来，不叫他谦让都不好意思面对对方家长呢！"

我笑着说："那你就要权衡一下，教导好孩子重要还是面子重要？"

有的家长喜欢让自家孩子无原则地谦让，理由五花八门：比如，你大一些，要让着弟弟妹妹；小朋友哭了，你让出来吧；小朋友是客人，你是主人，你该让着他；等等。这些站不住脚的理由会误导孩子：年龄小的要让——下次遇到比我大的，我也胡搅蛮缠，这样人家就会让着我；别人哭了就要让——下次我也哭，哭就是武器，哭就可以得利；是客人就要让——下次我到别人家做客，也要主人让着我。看看，这些理由是经不起推敲的。

下面是一位妈妈的来信：

> 周日，儿子的堂妹来我家玩，儿子6岁，堂妹4岁，儿子和楼上的姐姐约好了一起轮滑，早上起来就开始准备去滑，堂妹也要求去轮滑，但轮滑鞋只有一套。儿子不愿意让出自己的鞋，于是跑去小区另一个小朋友家借了一双给妹妹用。鞋子拿回来后，码子比儿子的还稍大一点，是女生款，上面有粉红色的图案。老公觉得借来的女生款堂妹穿着太大了，于是让儿子穿借来的，把自己的让给妹妹穿。儿子说那双是女生的，他不穿。老公很生气，说他必须把自己的鞋让给妹妹，穿借来的那双，不然就不能去轮滑了。儿子选择了不穿借来的，没有出去玩。老公带妹妹下楼玩去了，儿子在家伤心地哭了一场。等妹妹回去了，楼上的姐姐又来约儿子去轮滑，儿子很高兴地答应了，准备换鞋下楼。老公说要惩罚他，即使现在妹妹不玩轮滑了，也不让他穿自己的鞋去轮滑。儿子伤心极了，抱着我哭，说"爸爸很烦"。我老公的观点是，儿子是主人，应该要照顾好客人，要懂得谦让。平时老公比较注意培养儿子尊重女生，所以他觉得儿子这次做得不对。

这位爸爸出发点是好的，教儿子要懂得谦让、尊重女生、照顾好客人，这些都是非常好的品质，是我们应该教导给孩子的。不过，他的方式生硬了一些，让孩子很难接受。其实，这个6岁男孩去别人家借了一双鞋子给堂妹，说明他还是挺会考虑别人的需要，也挺会想办法的，我想如果借来的那双鞋子是男生款，他一定会愿意穿，并把自己的鞋让给妹妹。一个男孩不愿意穿女生款鞋实在是很正常的事情，但爸爸显然不理解儿子，他的注意点在"儿子不懂得谦让"上面，而完全没有顾及儿子的感受和需要。尤其是堂妹都不玩了，他还不准儿子穿自己的鞋下去玩，这实实在在挫伤了孩子的心，也损伤了父子感情，让儿子觉得爸爸实在是太不可理喻了。

倘若爸爸在引导孩子谦让的同时，能站在儿子的角度，体谅儿子的感受，对儿子不想穿女生款鞋的心情表示理解和尊重，而不是强迫孩子谦让，事情结果可能会不同。比如，他可以把问题抛给孩子们，让儿子和堂妹自己去想办法解决："两双鞋摆在这里了，借来的这双太大了，又是女生款，哥哥是男孩，穿女生款挺不好意思的，而妹妹穿呢又太大，你们觉得可以怎么玩？"很可能孩子们就会想出办法，比如，轮流穿哥哥的鞋玩；或者先妹妹下去玩，玩完了再把鞋子给哥哥，哥哥再玩；说不定哥哥一时来了英雄气概，豁出去穿了女生款，将鞋子让给了妹妹……一切皆有可能。当然，也可能孩子们想不出解决办法，这时爸爸可以给出自己的建议，事情肯定不止儿子穿女生款这一种解决办法。

谦让是现代孩子非常缺乏的一种品质，现在家庭子女少，容易以孩子为中心，以至于许多孩子自私自利，只顾自己、不顾别人。而有些家长担心孩子吃亏，会更多地倾向于教孩子争取，而不是礼让。我主张父母鼓励孩子不要争抢，要谦让别人，但是引导的过程不要简单粗暴。

✩ 千万别把孩子养成令人讨厌的人

你有没有遇到过这样一类人，他们在电梯或公交车里抽烟，你只好闻着他们喷出的二手烟；休息时间他们在你家楼上喧哗，吵得你无法入睡；他们在小区跳广场舞，声音大到扰民；他们开车不打转向灯快速插到你的车道，搞得你措手不及；他们说话不顾别人感受，饿得你半天说不出话……他们并不是十恶不赦的坏人，只是他们不会推己及人，似乎没想过自己的言行会给别人带来怎样的麻烦和影响。

你喜不喜欢这样的人？我猜你不仅不喜欢，可能还有点讨厌这样的人。

但是，你有没有想过，你正在不知不觉中将孩子养育成这样的人呢？

我遇到过一些这样的家长。

有一次在羽毛球馆打球，一个六七岁的小男孩在各场子里乱蹿，好几次差点被别人的球拍打到，逼得大家只好停下来等他跑过去。如此折腾几次后，打球的人们生气地大声喊："这是谁家孩子？管管啊！"小孩爸爸就在其中一个场子打球，听到大家喊只是抬头看看，然后没有下文了。

和亲戚去医院看望另一个生病的亲戚，她儿子发现病床可以升降，大感兴趣，反复把病床摇上去摇下来，她在旁边微笑着看着儿子，并不制止。直到病人家属耐着性子阻止他"你不能这么摇，阿姨会疼的"，孩子才不情愿地停下来。出门后，我问她为什么不制止儿子，她却不解地反问："不是要给孩子自由，保护孩子好奇心吗？"刹那间我冷汗直冒……

这是天大的误解！没有边界的自由不是自由，是放纵。你的孩子倒是"自由"了，别人呢？

有的家长倒是想管孩子，但是管不住。有次在游泳馆，一个小男孩不断向我们泼水，我请他别泼了，他置若罔闻。他的爷爷奶奶远远地喊：别朝阿姨泼水啊。没有用，继续泼。同去的朋友感慨道：肆意妄为，谁都管不住，现在这样的小孩不少啊。

我们在成长小组讨论这个话题时，大家深有感触，纷纷说了自己所看到的案例。

菲妈说，到朋友家去做客，正好碰到楼下邻居上来投诉，说孩子太吵了。这个过程中朋友家儿子发出的动静确实太大。我立刻告诉我家小菲：动静小一点，不要影响到别人。朋友不以为然地说，这个邻居太挑剔了，隔三岔五来投诉，不用理她！我又不能把孩子的手脚绑住，有本事你住我楼上去！我很不认同她的看法，孩子当然不可以绑住，但是我们要以行动和语言告诉孩子要尊重别人的感受，否则即使孩子长大了没有这个噪声扰民行为，也会有其他不考虑别人只顾自己的行为。即使不从邻里和睦角度出发，单是为了孩子的将来，也应该要给孩子设立一定的规则。但因为是去做客，我也不好多说什么，就是建议她可以买个垫子铺一下减少噪声。

娜娜妈说，我有个朋友给孩子"自由"有点过头。有次吃饭时，孩子不断跑过来狠狠地打我老公，孩子是闹着玩，但打得很重。这个过程中，他的父母没有有效地阻止，只是远远地叫几声：不能动手啊……起不到任何效果。我一直没出声，后来实在看不下去了，握住他的手并严肃告诉他不能打人，叔叔会痛。这样总算制止了他。

佳妈说，有一次聚会，一个朋友家的女儿踢着别人玩，我女儿也跑过去跟着踢。我立刻走过去制止她：别人踢你你喜欢吗？她摇头。我说，同样地，别人也不喜欢这样，换个方式玩。可是，带头的女孩子的父母没有去有效制止这样的行为。大家都好像觉得这样的行为是孩子的特质，该被允许和原谅。

看到这里，你是否在这些家长身上看到了自己？你是否也曾对孩子不合适的行为没有及时严加管教？或是你觉得不以为然，认为孩子小不懂事，大了就会好？或是你管教了，但是孩子不听你的，而你似乎有些无能为力？

如果家长对孩子不合适的言行没有有效地管教，家长就是在默许和纵容孩子这一言行，孩子会认为他这样说、这样做是可以的，他们不能识别他们那样做时对方的感受是什么。那个羽毛球场乱蹿的孩子不知道他影响了别人打球，令人很不高兴；那个朝别人泼水的孩子不知道别人被泼水很不舒服；那个乱摇别人病床的孩子不知道他摇病床会让病人更痛苦；那个在地板上跳的孩子不知道他吵到了楼下邻居，影响了别人休息，让人很反感；那个踢人的孩子不知道别人被踢时会觉得被冒犯，有不被尊重的感觉。

孩子需要自由，但自由的前提是他不冒犯、不妨碍、不影响别人；孩子需要被尊重，但同时他必须学会尊重别人，照顾别人的感受。这样孩子才能慢慢学会推己及人，才不会成为一个只顾自己不顾别人、令人生厌的人。"不给别人添麻烦"是做人起码的教养，是我们一定要教给孩子的。

"不给别人添麻烦"，这个很容易分辨，就是我们要教孩子凡事想一想，你的言行会给别人带来麻烦吗？如果答案是"会"，那么你这个行为就要改正。举个例子，你上完厕所没有冲，会不会给下一个来上厕所的人带来麻烦？会，因为他会觉得很臭很脏。如果孩子不能理解，我们可以提下面几个问题来引导孩子：

如果你去上厕所，你看到厕所没有冲，里面很脏很臭，你会是什么样的感觉？

你喜欢这种感觉吗？

你对这个行为怎么看？

如果你是他，你觉得他怎么做会让你感觉更舒服？

你觉得上完厕所后应该怎么做才不会给后面的人添麻烦？

用这样的方式可以帮助孩子换位思考，来思考自己的行为会给别人带来怎样的影响，然后去调整自己的行为。

在孩子小的时候就引导孩子凡事推己及人，不给别人添麻烦，这是成为文明人的开始。

第六章

如何引导孩子培养出
受用一生的好习惯

其实我们可以和孩子双赢的。怎么双赢呢？对于我们父母而言，我们既要赢得意志的较量，赢得我们做父母的权威，又要赢得孩子的感情。对孩子而言，他们要赢得控制自己的能力，而不是想干什么就干什么，任意妄为。那么具体怎么做呢？

☆ 自己的事情自己做，就算一开始学不会、动作慢也没关系

"自己的事情自己做"，说来容易，坚持起来很难。周周刚学吃饭时非要自己吃，会吃了却要喂；蹒跚学步的时候非要自己走，会走以后赖着我们抱；刚学穿衣服鞋袜时非要自己穿，会穿了要我帮她穿……小孩子就是这样，对新鲜的事情想要尝试一下，但是新鲜感一过就不愿意做了。如果家长在相应的敏感期给孩子足够的机会来练习，并且趁热打铁让孩子坚持一段时间，"自己的事情自己做"的习惯会比较容易养成。但是如果没有好好抓住其敏感期训练孩子，等孩子大了再来"培养"，难度会大很多。在养成自理习惯上面，我没有一贯坚持，因为诸多担心而不敢放手，有时嫌麻烦忍不住包办代替，因此走了不少弯路。

生活自理是孩子走向独立的开端，对于有能力自理的孩子，却没有掌握自理的基本技能，或者思想上存在依赖性不愿意自理，孩子是谈不上独立自主的。另一方面，自己的事情由父母代劳会令孩子缺乏责任感，没有担当。当某一天周周问我 "怎么还不给我穿衣服？"的时候，我深切感受到这一点。

周周快3岁的时候，我们换衣服准备出门。我找了一条裙子给周

周，让她自己换上。周周坐在床边，等着我们都换好了衣服后，理直气壮地质问我："怎么还不给我穿衣服？"她那生气的表情、理所当然的口气让我着实吃了一惊。周周两岁时就学会了穿鞋袜和裤子，那个阶段要是我帮她穿的话，她会哭着要求脱下来，自己重新穿。但是过了那段时间，她对穿鞋袜、裤子这些事不感兴趣了，大多数时候都等着我穿，而我，不知不觉间就给她穿了……好像一种思维定式一样。

她一定认为给她穿衣服天经地义，是我们应该为她做的，所以她才这样理直气壮地来质问我。

我想，她之所以会有这样的反应，是因为我替她做得太多了，虽然她会自己穿衣服，但是大多数时候由于赶时间或嫌麻烦或担心她穿得慢着凉，我会帮她穿衣服。这样，她自然会觉得妈妈替她穿衣服是理所当然的。

意识到这点后，在周周要求我给她穿衣服的时候，我说："你已经会自己穿衣服了，不需要妈妈帮忙了哦，请你自己穿吧。"周周哭了，大概是觉得我拒绝了她的要求。她哭得让我有点心软，但转念一想，如果她现在不独立、没担当，日后会比今天痛苦一万倍。于是我继续鼓励她自己穿，周周见我的态度非常坚决，一边抽泣着一边穿衣服。等她穿好后，我大大地肯定了她一番。

不仅是穿衣服，凡是她能够自己做的，我决定都不插手帮她。这其实是与我自己的抗争，我必须要克服潜意识里想帮她的冲动。

譬如吃饭，周周1岁2个月的时候开始对小勺舀饭产生了浓厚的兴趣，她开始拒绝我们喂饭，要自己舀。往往一顿饭下来，桌子上和地上的饭比她吃到肚里的多。饭后打扫的难度增加了好几倍，看到白花花的粮食被浪费，外婆心疼不已。我顶住外婆的压力，坚持让周周自己吃。终于在1岁4个月的时候，周周可以完全自己用勺吃完一碗饭了。这种情况持续了1个月。

好景不长，正当我为她如此小就会自己吃饭而暗暗高兴的时候，周周病了，上吐下泻，食欲很不好，不肯自己吃。那时我的心态比较焦虑，最害怕周周生病。这种内心的恐惧让我放不开，在她不肯自己吃的时候就喂一点，一定要看着她吃点东西我才觉得病情不是那么重，才感到安心。现在想来，那时太过担忧了。孩子有食欲自然会吃，没食欲的时候勉强她吃并没有好处。

病中的喂饭让我前功尽弃。病好了之后，周周不肯自己吃饭了，在我的要求之下，她前半碗自己吃，后半碗便不肯吃，由我喂完。养成一个好习惯难，养成一个坏习惯却太容易了。

这种情况持续到周周两岁多，我的心态不那么焦虑了才得以改观。后来的方法是：坚决不喂。想吃就吃，不想吃就收了。在收走之前我会告诉她，要到下一餐才可以吃饭，中途除了喝水不能吃任何东西。有很多次，周周一口饭都没吃，只吃几口菜便下桌走了。我说服外婆，不给周周吃任何东西，让她尝尝饥饿的滋味。往往到了下一餐，周周早早地等着开餐，饭一上桌，她便迫不及待地开吃，不用多久就吃完了一碗饭。这样坚持了一段时间，周周的吃饭完全能自理了。

自己的事情自己做，意义非常重大。有家长认为"孩子长大了自然就会"，这种观点我不赞同。良好习惯是在幼年形成的，事实上，没有养成好习惯，就一定会形成相对应的坏习惯。而坏习惯一旦养成，等孩子长大就很难纠正了。我一个朋友的儿子，11岁，成绩不错，但是依赖思想严重，衣来伸手饭来张口，每次吃饭都是妈妈盛好端到桌上，他拿起筷子便吃，吃完放下筷子走人。有次我去他家，他妈妈去上班了，家里就剩下我和他。早餐是馒头稀饭，馒头是我买回来放在餐桌上的，他吃了两个。稀饭我已经在他起床前吃过，便没有特意去给他盛。我问他要不要吃稀饭，如果要吃的话，电饭煲里有。他说要吃，但是并没有起身去盛，似乎是在等着我给他盛。我心想，11岁的孩子早就应该自己盛饭了，于是我就装糊涂，不给他盛，看他到底吃不吃。结果，直到中午他都没去盛稀饭。中午做饭时，我问他还要不要吃稀饭，如果要吃，赶紧自己来盛，不然我倒掉。他这才不情愿地过来盛了稀饭。

这样的孩子不是个例，如果孩子没有在幼年养成生活自理的习惯，大了就更加难以养成。有的孩子上了高中还要父母挤牙膏、叠被子，有个朋友说，她亲戚的女儿高中开始寄宿，由于以前在家一直是妈妈帮她打理好一切，包括夏日晚上放下蚊帐这样的事情都是妈妈在帮她做，以至于她在学校不知道放蚊帐，被蚊子咬了一个晚上。这样的事情在我们看来好像不可思议，却真实发生在孩子的身上。这样的孩子严重依赖于父母，心理上没断奶，生活上不独立，缺乏基本的生存能力。他们适应环境的能力很差，离了父母便无法生活。即使考试成绩再好又有什么用？不少家长只重视孩子的智力和成绩，不重视自理习惯的养成。孩子上学后，家长辞职陪读，在学校附近租住，照顾孩子的日常生活。这些孩子的未来实在令人担忧——一个连自己的日常生活都照顾不来的人，今后怎么立足于这个社会？

做父母的总是很矛盾，既希望孩子能够早点在生活上、思想上、行为上独立，又害怕孩子没有这个能力而心软，出手"相助"。"自己的事情自己做"，父母可以这么教孩子，但是说来容易，做起来很难，难就难在父母不能坚持。既然父母都不能坚持了，孩子肯定乐于依赖父母。所以，孩子能不能独立做自己的事情，完全取决于家长的态度。如果家长放手，坚持做到"孩子能做的决不插手"，让孩子做自己分内的事情，始终如一地坚持下去，孩子便能养成自理的习惯。反之，如果家长不放手，不相信孩子，担心孩子吃不好、穿得慢、洗不干净，这也担心那也担心，孩子就无法做到自理。

☆ 孩子自觉吃饭怎么会这么难

孩子不好好吃饭是一个普遍的问题，这个问题让不少家长感到头疼。

笑笑一天吃三顿饭的时间加起来要花四五个钟头，每餐都要追着喂，含着饭在嘴里不吞。茜茜吃饭是这样的：先打开电视机，爸爸（或奶奶）用一个不锈钢碗盛了饭和菜在电视机前喂，茜茜一边看电视一边张嘴接饭。铭铭吃饭则是这样的：每餐前半碗自己吃，吃着吃着溜下去玩，奶奶追在屁股后头喂。玩一下玩具，吃一口饭，再玩一下玩具，再吃一口饭……边吃边玩，直到完成"任务"。铭铭奶奶说，如果不喂的话，铭铭只吃半碗，如果追着喂可以吃两碗。

吃饭，是人的本能，饿了自然会吃，为什么在孩子这里就变得这么难呢？记得我们小时候，有口饭吃就算不错了，饭一上桌就狼吞虎咽下肚，从来没因为吃饭让大人操过心。为什么现在对着满桌子香喷喷的鸡鸭鱼肉，孩子反而吃不下饭了呢？

究其原因，是我们太在意孩子吃饭这件事了，生怕孩子吃得少。在那些紧盯着孩子吃饭的家庭里，孩子吃饭基本会成为难题。我们可以站在孩子的角度感受下，如果有人给我们下达了每顿饭必须吃多少的"任务"，还有人站在旁边当监工，催促着我们快吃、多吃，就算对着满桌的山珍海味，我们吃饭的热情还有多少呢？一旦吃饭在孩子心目中成了"任务"或"被迫"，他吃起来便索然无味，不爱吃饭也是情理之中了。

家长们都希望孩子多吃点，如果孩子某一顿饭吃少一点，家长尤其是一些老人就有些担心：会不会是孩子要生病了？会不会营养不够？不多吃点怎么长身体？我曾经也是这样。记得周周小的时候，身体很差，经常生病。在月子里和两个多月时患过两次肺炎，不吃不喝不睡，精神狂躁，医生说病情危重。虽然后来住院治疗好了，但是那两次生病的阴影盘踞在我心里久久不散，我被吓成了惊弓之鸟。很长一段时间内，我都处于应激状态，只要周周不吃饭或食量减少，我都会怀疑她是不是生病了，一定要喂她多吃几口才能放心。这种状况到周周近两岁时才得到改观。由于我过于紧张，给了周周一定的压力，她小时候食欲一直不太好，一般只能吃1/4碗饭，有时甚至一口都不吃。我的心态放松后，不勉强她吃多少，她的食欲才逐渐好转。

除了疾病因素之外，孩子不好好吃饭大多是家长过于担心，给了孩子压力引起的。家长一担心，就要劝说孩子多吃一点，孩子不愿意吃，家长就强行喂一点。只要家长劝说或者强迫孩子吃多一点，孩子就会产生抵触情绪，不喜欢吃饭。我们小区的一个孩子，3岁多了，每餐被奶奶强迫喂饭，孩子吃饭那真叫一个痛苦，实在是吃不下了，还要吃完那一碗。不要说孩子，换成是我，我也吃不下。

其实，现在的孩子饿不坏，倒是怕撑坏。孩子没有好食欲，正是因为孩子没有尝过饥饿的滋味。只要孩子饿了，吃什么都是香喷喷的。记得有一次周周得了肠炎，食欲非常差，一连几天都没吃什么东西。后来肠炎痊愈了，周周实在饿得不行了，一连吃了两碗白米粥，而以前她最多能吃半碗。有时，周周偶尔一顿饭没吃，下一餐就会吃得比较好，因为中途我们不会拿任何食物给她吃，必须等到下一顿才能吃饭。经过大半天的饥饿，到了下一顿开饭的时候，吃什么都香。

孩子的食量是有差异的，有的孩子食量大，有的孩子食量小，只要孩子的身高、体重在正常范围内就没关系。很多家长规定孩子每顿最少吃一碗，一碗饭的任务必须得完成。这样的话，吃饭对于孩子来说就是一个"任务"，而不是一种享受。周周的食量就属于很小的那种，每餐多则是大半碗，少则是小半碗，食欲差的时候甚至不吃一口。孩子偶尔食欲差，一顿饭不吃是非常正常的事情，我们大可不必紧张。

有妈妈问："我的孩子营养不良，身高体重都没达标，难道我不要多喂一点吗？"营养不良，就更加要培养孩子良好的进餐习惯，而不是每餐追在孩子身后喂。如果孩子想吃，你不喂他也会吃，你要喂，除了形成他的依赖性之外毫无益处；如果孩子不想吃，你要喂，他会有抵触情绪，导致孩子更加厌恶吃饭。追着孩子"喂饭"有害无益。首先，边玩边吃会让孩子形成三心二意的习惯，做事或学习不会专注；其次，不利于养成孩子的独立性，孩子依赖家长喂，不自己动手；最后，不利于培养孩子的责任感，本应自己做的事情却让家长来承担。

有的家长最怕孩子拖拉，吃饭磨洋工，一碗饭要吃1个多小时，索性赶快喂完省事。周周也有拖拉的毛病，我的做法是，给她定一个时间，比如，开餐的时候是12点，我就会和她说，到12点半的时候收碗，到点不能再吃，时间一到没吃完也得收。那时周周还不认识钟，但已经认识数字和分针，我就跟她讲分针指到数字几，我们就收碗。这半小时内，即使她拖拉磨蹭，我也不再催她，时间一到我便收碗。被收过两次碗，挨过两次饿后，周周知道这个规矩不是说着玩的，后来如果偶有拖拉，我会小声提醒，记住到时间我们要收碗的，周周便心领神会，说要在某点之前吃完。对于年龄小不认识数字的孩子，可以采用定闹钟的形式，闹钟一响就收碗，中间不要催促。催促不能改善孩子的磨蹭，反而越催越慢。让孩子尝尝磨蹭的后果，为自己的磨蹭付出一点代价，比你催促他有效得多。

这个方法的操作关键在于：中途坚决不给孩子吃东西，一定要等到下一顿开餐才吃，真正让孩子为自己的行为负责。孩子体验到不吃饱的后果是挨饿后，便会好好吃饭了。

此外，家长烹制饭菜时可以经常变换菜的种类，把饭菜做得味道可口、色香味俱全，激发孩子的食欲。对于大一点的孩子，还可以让他参与做饭的过程，孩子对自己做的东西格外感兴趣，会吃得更香。

孩子1岁以后，家长就可以让孩子和大人一起坐在餐桌边进餐，孩子喜欢模仿，跟大人进餐会让他们开心，不要随意改变进餐时间和位置，让孩子心目中形成一种意识：坐在餐桌边才可以吃饭，离开餐桌意味着他不再吃饭。吃饭前把所有玩具收起来，电视关掉，要求孩子一心一意吃饭，不可边吃饭边玩玩具或看电视。所有照料人对待孩子都要一致要求，不能爸爸说不可以喂，到妈妈那儿又可以；或者昨天不能喂，今天又可以了。这样会把孩子的心搞乱了，孩子不知道听谁的，良好的进餐习惯将无法养成。

不过，所有的方法都不是最重要的，最重要的是我们要解决心里的担心。当我们解除了各种担心，定时定点开餐，跟孩子约定到时间收碗，到下一顿再吃，孩子尝过几次饥饿的滋味就会好好吃饭了，这是不是很简单呢？

✿ 怎样让孩子拥有好睡眠

写这一篇是因为我曾经深受失眠之苦，也深受娃夜醒吵闹之苦，曾经很多个夜晚，我被娃半夜哭闹整得快要崩溃……我也看到，娃睡不好导致妈妈睡不好，然后妈妈白天黑夜地照顾娃累得心力交瘁是很多妈妈产后抑郁的原因之一，所以，我愿意把自己的亲身经历写出来，给那些被娃睡眠不好所困扰的妈妈一些安慰和鼓励。

我孕产期间的睡眠是一部血泪史。我的睡眠比较浅，一点点声音便可惊醒，醒来后又很难睡着。怀孕6个月的时候，我开始失眠，最严重时连续7天7夜没怎么睡着，连走路都走不稳了。这种情况一直延续到周周1岁半。

严重的失眠让我极其焦虑，周周出生后睡眠很不好又加重了我的失眠。从刚出生起，周周睡着的时候会发出嗯嗯嗯的声音，好像很费劲的样子，半夜也总会哭醒几次。特别在得过两次肺炎之后，她夜醒更加频繁，吵得更厉害了，只有我抱着她走动才能安抚住，抱着她坐下来都不行。而且不管你晚上几点带她上床，她都要12点以后才入睡，有几次甚至半夜两三点才睡着。好不容易睡着了，睡得也很不安稳，夜里总要哭醒几次。这个时候只有奶睡才能安抚她，也正是这样养成了奶睡的

228

习惯。

那时的常态是，我困得不行的时候，她精神百倍睡不着，把她好不容易哄着睡着了，我睡不着了。有时候我好不容易睡着了，她夜里一哭又把我吵醒了，抱着她走动一会儿哄睡她之后，我又睡不着。无数个夜晚辗转反侧，睁着眼睛到天明……

那个时候我不知道是什么原因使得她睡眠不安稳。我带她去看医生，医生说是缺钙，补钙一段时间后，我带她去医院做了一个检测，结果显示不缺钙了，但她仍然睡眠不稳。我查了很多资料，排除了疾病、受惊吓的原因，又不缺钙，会是什么原因使得她睡眠不稳呢？我百思不得其解。

后来我仔细理了一遍整个孕产过程，推测可能是我的情绪影响了她。首先，我孕期失眠，又因失眠而焦虑，这就是胎教——不好的胎教，妈妈孕期失眠、精神紧张焦虑，孩子生出来后自然没那么好带；其次，产后我一直失眠焦虑，特别是在她两次肺炎后，我吓成了惊弓之鸟，精神高度紧张，时刻处于应激状态。那时的我会紧张到什么地步呢？比如，有时我躺在床上休息，突然好像听到了婴儿的哭声，我立刻爬起来跑到隔壁房间，结果周周睡得好好的，根本没有哭……这种事情经常发生。我的这种紧张焦虑传导给了周周，虽然她只是一个小婴儿，但是她能感受到妈妈的焦虑，这让她很不安，我推测就是这种不安让她睡眠不安稳。

发现问题出在自己身上之后，我意识到只有调整好自己的心态，才能解决孩子的睡眠问题。我通过写日记、找人倾诉的方式来排遣焦虑情绪，也去看医生来解决失眠问题。后来，我偶尔在一本书上看了一个方子，服了几剂后，睡眠得到了很大的改善。我这本书出版后，一些同样有失眠问题的读者来找我要这个方子，但是我觉得这个方子不一定对所有失眠的情况都合适，因为我后来偶尔再有失眠的情况，再服用这个方子效果就不明显了。我想当初睡眠改善的原因一方面是药物有点作用，更重要的是我的心态已经调整得比较放松了。

总之，至暗时刻终于过去，我终于不失眠了，从焦虑中走了出来。周周的睡眠也逐渐变沉，慢慢地半夜不再哭醒，能一觉睡到天亮了。当某一天我和孩子都能一觉睡到天亮的时候，那种感觉该怎么形容呢，就是觉得天空更蓝，世界更美好了！这个过程让我感受到，妈妈的心态和情绪对孩子的影响太大了。

只是，周周还是要我抱着入睡。一个坏习惯一旦形成，要改变是一个漫长而艰辛的过程。大约是1岁9个月的时候，我开始调整周周的睡眠习惯。她已经习惯趴在我的肩膀上入睡，哪怕上下眼皮打架了，躺在床上就会惊醒，必须等到睡熟了才能放到床上。她的睡眠比同龄小朋友要少，别的孩子能睡十二三个小时，她只能睡个10小时左右，如果中午睡了午觉，晚上必定到11点以后才能入睡。我从午睡开始调整，让她躺在床上，我给她讲故事或者唱歌，要求她好好盖着被子，不能掀掉。但是她根本不能老老实实躺在被子里，总是一会儿坐起来，一会儿站起来。常常是我讲故事讲得口干舌燥，她还没睡着，最后还是抱在身上睡着的。

后来，我发现如果周周不睡午觉，晚上更容易入睡。于是我不再试图让她睡午觉，如果上床后15分钟没睡着，我便让她起来玩。同时，加大活动量，消耗掉她的精力。晚上准点洗脸刷牙上床。一躺到床上，她的花样很多，一会儿要喝水，一会儿要尿尿，一会儿这里痒，一会儿那里痛。我知道她这是找种种借口不想睡觉。折腾了一阵后，周周缠着我讲故事，我已经口干舌燥、昏昏欲睡，她还没有睡意。最后我索性先睡了，随便她折腾。过了一阵子，周周实在是无趣，竟然自己睡着了。从那以后，我让周周每晚都在9点半上床，上床后我既不讲故事，也不唱歌，让她自己睡，她大多数时候在15分钟之内能睡着。

有了这么一段痛苦的经历之后，我领悟到从孩子一出生就培养孩子好的睡眠习惯有多重要，毫不夸张地说，孩子睡得好不仅对他的身体和情绪有重大影响，还会影响到妈妈的身心健康和幸福感。所以，后来养育儿子，我就特别注意，从他一出生就训练他养成良好的睡眠习惯，带他就感觉轻松多了。

睡觉和吃饭一样，是人的本能，困了就要睡的。孩子入睡困难，排除疾病和身体因素后，一般是因为缺乏安全感和没有养成良好的睡眠习惯而引起的。像周周小时候这样，主要就是受我情绪的影响，没有建立稳固的安全感而导致睡眠不稳。良好的睡眠习惯也非常重要，要注意不要哄、按时睡、不怕吵这几点。

☆ **第一，不要哄睡**。哄睡包括奶着入睡、抱着入睡、摇着入睡及唱歌讲故事等任何帮助孩子入睡的方式。反思我自己的经历，一旦你以某种方式哄睡，孩子就习惯了这种方式入睡，不用这个方式他就睡不着。比如周周，她习惯了奶睡和抱睡，如果我不喂奶或不抱着她，她就睡不着。所以，千万不要只是想着眼前怎样让孩子快点睡着就去哄孩子睡觉，很可能你哄他几次，他就养成了一个坏习惯，日后不哄就睡不着了。孩子从一出生，我们就应该让孩子自己躺在床上睡，不要哄，不要把孩子抱在手上睡，也不要在摇篮里摇着睡。孩子上床后，既不要给孩子唱歌，也不要给孩子讲故事，可以播放舒缓的音乐，让孩子在轻柔的音乐声中入睡。自己睡的习惯，越小越容易养成。

你可能会说，我也想让孩子自己睡，但是他一躺在床上就哭呀，怎么办？我儿子那会儿也哭，好几次哭得我都快忍不住要抱他了，但我一想到如果我去抱他，前面的功夫就白费了；我又想到我女儿小时候那个睡眠，就是因为我舍不得她哭，没有坚持训练她自己睡，所以她的睡眠才那么不好，到底是让孩子哭几次后面就安睡，还是不让孩子哭了，但是今后睡不安稳呢？权衡再三，我狠狠心没去抱他。很有意思的是，他第一天大哭了15分钟然后睡着了，第二天只哭了10分钟就睡了，第三天只哭了5分钟就睡了，到第四天，他没有哭就睡了。如果妈妈不焦虑，孩子哭的时候坚持让孩子自己睡，不去抱也不去哄，孩子哭几次就不会哭了。这不会对孩子造成任何伤害，因为你对孩子的爱体现在白天一天的陪伴当中，孩子不会因为晚上你让他自己睡就觉得妈妈不爱他了。

有妈妈问，孩子在床上躺不住，总是要爬起来怎么办？这个我深有体会，我儿子就是这样，大一点之后就会找各种借口不想睡，一会儿站起来，一会儿到处翻滚，一会儿说要喝水，一会儿说要尿尿，还时不时地找我说话，总之就是不想睡觉。我给他立了睡觉的规则，很简单就两条，不准说话、不准乱动（包括爬起来、坐起来、站起来等），严格要求他遵守。坚持一段时间，孩子就知道上床后要安安静静躺着，很快就睡着了。

☆ **第二，按时睡**。无规律的作息使孩子混乱，而有节奏的、规律的作息让孩子感到安全。对于吃奶的婴儿来说，吃奶的节奏会决定他睡眠的节奏，周周小时候是按需喂养，饿了就吃，随时吃，没有什么规律，因此她的睡眠也是乱的，没有规律。到了我儿子，我看了一些书才明白吃奶和睡觉之间的关系，于是给孩子定时喂奶，比如，月龄3个月以内是每天吃七八次，每次间隔3小时，随着月龄的增长，逐渐拉长喂奶的间隔时间，减少喂奶的次数，从每日五六次逐渐减少到每日3次，非常规律。这样，他在5个月大的时候就不要吃夜奶了，一觉睡到天亮。

对于大一点的孩子来说也需要建立规律的作息。如果孩子早上睡到9点、10点才起床，或者午睡睡到下午五六点，孩子晚上将无法按时睡觉。建立有规律的作息，按时吃饭、按时洗漱、按时起床，坚持一段时间便会形成规律的作息。形成规律的作息后，到点孩子就要睡觉了。

☆ **第三，不怕吵**。这一点非常重要，高质量的睡眠是不容易惊醒的，容易被吵醒就说明睡眠不深。周周刚出生的时候，我婆婆曾说对孩子不要轻手轻脚，以免日后睡觉怕吵。她老人家真知灼见，事实证明确实如此。可惜这一点我并没有做好，由于我睡觉怕吵，在我带着周周睡的时候，屋里必须保持安静，否则会吵醒我。这样导致周周习惯了在安静的环境中睡，很怕吵。后来，我的失眠问题解决后，周周也逐渐睡得沉一些了，我们不再像以前一样蹑手蹑脚地出出进进，周周慢慢变得不怕吵了，睡着后我们在旁边说话笑闹也没有影响。我儿子就好多了，由于从小就随便丢着睡，所以即使打炸雷也吵不醒他。

孩子养成了好的睡眠习惯，对身体和心智都大有帮助，妈妈也会轻松许多。最后，我想提醒一下爸爸们，训练孩子自己睡觉是需要爸爸们帮忙的（其实整个带娃都需要爸爸帮忙），在妻子需要的时候搭把手吧。尤其是在孩子哭闹的时候，妈妈们常常会软弱，这时候就是展现爸爸力量的时候了，你的理性和坚强会鼓励到你的妻子，你的关心和体谅会安慰到她，让她觉得自己并不是一个人在战斗。

✰ 当孩子提出不合理的要求时，父母如何回应

一对小夫妻带着3岁的儿子在沙滩玩，小男孩要买棉花糖，爸妈不答应，小男孩大哭。起初，父母还算耐心，轻声安抚孩子，说棉花糖里边有色素，不健康，所以不能买。小男孩不听，声嘶力竭地哭喊，小脚在地上使劲蹬，把鞋子给蹬出来了。爸爸按捺不住发飙了，捡起小男孩的鞋子，扔出好几米远，冲小男孩吼了几句。小男孩歇斯底里地号哭，妈妈抱着孩子，轻声地说着什么，孩子使劲挣扎，爸爸在旁边吼，情绪激动。小男孩足足哭了半小时，父母筋疲力尽，最终败下阵来，还是给买了棉花糖。

这种类似的场面在很多家庭都上演过。有一些孩子在家人没有满足他的要求的时候，会使出一些"武器"来要挟家长，比如，一哭二闹三打滚。家长要么不堪其扰，向孩子妥协了；要么恼羞成怒，用武力让孩子屈服了；要么念念叨叨，说一番大道理，孩子却听不进去。

周周小时候也有过不如意就哭闹的时刻，她两岁多时喜欢看巧虎的视频，在看视频之前，我们约定每天只能看一集，她爽快地答应了。可是看完一集后，她觉得很不过瘾，还想看一集。我对她说："巧虎很

好看，你很想继续看是不是？可是看太久视频会坏眼睛，我们刚刚说好只看一集的，要说话算数哦。"周周哭了起来，一边哭一边哼哼要再看一集，我坚决地拒绝了。她见我的态度非常坚决，哭了一会儿便不再坚持，玩别的去了。

在孩子提出不合理要求的时候，该怎么回应呢？我发现一个有趣的现象，只要孩子的"要挟"得逞过，那么他一定会再次使用要挟的"手段"，你这一次让孩子的要挟得逞，解决了眼前的麻烦，孩子不闹了，但是下一次他不如意的时候又会要挟你。所以，我们要拒绝孩子的不合理要求，绝对不能让孩子的要挟得逞。

你不需要说教，也不要孩子一哭闹就迁就他，更不要打骂，合适的做法是简明扼要地讲清楚不能这样做的理由，然后温和而坚决地拒绝。不管孩子哭得多大声，哭得有多久，赖地撒泼得多厉害，你可以在一旁陪着他或者你该干什么干什么去，耐心等待孩子的情绪平息。这个过程中最难的是，你可能很难对孩子的哭闹保持平静，如果你发现自己有了怒气，那么需要先解决掉自己的怒气，待平静后再来处理孩子的问题。

当孩子一哭二闹三打滚和你对抗的时候，正是他的意志和你的意志较量的时候。如果你说教或训斥或打骂，结局一般有两种：一个是家长拗不过孩子吵闹心一软就给买了；另一个是家长发火甚至打骂孩子，孩子由于害怕而屈服。两种都不是好结局。第一种是你妥协，你的意志被孩子的意志打败了，于是你满足了孩子，孩子就知道他的哭闹是有效的，是战胜父母的有力武器，下次可以继续使用这一招。你输掉了意志的较量，更惨的是，你输掉了你作为父母的权威，你会发现你越来越管不住孩子。第二种是在你和孩子意志的较量中你赢了，孩子因为害怕而屈服，但是他并不是心悦诚服，他只是害怕你发脾气或打骂，表面上他服从了，心里他却远离了你。没错，你赢了意志的较量，输掉了孩子对你的感情。

当孩子在要挟哭闹的时候，我们一个基本的态度是，你可以提要求，我可以拒绝。咱们不要指望从一开始拒绝孩子，孩子就能不哭不闹地坦然接受，孩子得不到想要的东西自然有些失望，哭一哭很正常。就好像你急需用钱，去找好朋友借钱，结果你的朋友残忍地拒绝了你，你心里有点儿不高兴也是正常的。你拒绝了孩子的要求，他会不高兴，这是一个捆绑销售的套餐，你选择拒绝他，你就要接纳他不高兴，但是你并不要因为他的不高兴而改变你的决定。

我的儿子两三岁时开始显露出非常强悍的个性，一旦事情没有如他所愿，他就会发脾气，歇斯底里地尖叫和大哭，那个阵势很吓人，我每天都要和他"战斗"。比如，我们约定好每天看15分钟的starfall（一个学习英语的App），约定时间到，闹钟响了，他就要把手机交给我，如果没有做到，那么我会强制拿走手机，并且第二天不能看。他每次都答应得好好的，但是闹钟响了后他就会耍赖，说"我还要看一下"，我自然要拿走手机，并告诉他明天不能看。这下简直就是捅了马蜂窝，他一屁股坐在地上，尖叫，哭闹，口里还喊着："我不喜欢你了！"这场"暴风雨"通常要持续5分钟左右。如果这个时候我也被他激怒了，控制不住怒火把他骂一顿，那我就跟他没什么两样，我的心智水平降低到了一个孩子的水平，这个时候我哪里有能力去教导他呢？我对他的训斥或打骂只不过是宣泄我自己的怒气罢了。一想到这些，我就看得更清楚更透彻，也就不容易被他一个两三岁的孩子激怒，我一般会在旁边陪着他，等着他的情绪过去。

很有意思的是，也就是5分钟的样子，"暴风雨"就停了，有时候他前一秒钟还怒气冲冲地尖叫，下一秒就笑了。到第二天，他居然会主动问我，妈妈，是不是昨天我要赖皮了，所以今天不能看starfall了？我忍住不笑，点点头说"是"，然后他就玩别的去了。孩子的情绪就是这样，当他感受到父母接纳他的负面情绪的时候，他的情绪很快就会溜走，来得快去得也快。这个过程中，我不需要讲大道理，也不需要训斥打骂孩子，我只要事先和孩子约定好规则，然后按照规则坚持执行就行了。然后在孩子吵闹的时候去接纳他，给他一些时间和耐心，很快他就会从怒气中走出来，他会意识到，我哭一哭、吵一吵并不会让妈妈改变决定来迁就我，但是妈妈也不会因为我哭闹而不喜欢我。

这样，我和孩子在这次意志的较量中就是双赢了，我守住了原则，建立了权威，也并不会破坏孩子和我之间的关系；孩子意识到了并不是他想要干什么就可以干什么的，每经历一次这样的过程，他都是在学习控制自己。

另外，做到两个"一致"也很关键。第一个是"纵向一致"，即我们在教育孩子的时候不要随意和情绪化，自己的态度要前后一致。对于孩子同样一种行为，不论是什么时候，不论你心情好还是不好，你要同样要求他。举个例子，比如，孩子看动画片，你和孩子约定每次看一集，但是你心情好的时候会允许他多看一两集，在心情不好的时候到点必须关电视机，或者不管心情好还是不好，有时到点就关电视机，有时候又禁不住他的吵闹允许他多看一集，如果家长没有原则，那么孩子也不会遵守约定和规则了。有的家长则有一种倾向，不管合理不合理的要求，都喜欢先阻止孩子，最后阻止不了，非要等到孩子哭闹才会满足孩子的要求。"一哭闹，家长就满足"，这实际上是在暗示孩子必须要"哭闹"才会得到大人们的允许。在阻止（或拒绝）孩子之前，我们可以先想想，这件事是应该严厉禁止的吗？如果不是，你要一开始就答应他，不要等孩子哭闹了再来答应。同样，如果是应该严厉禁止的，就要坚决拒绝，不管孩子怎么哭闹都不要答应他。

　　另一个"一致"你肯定猜到了，没错，是"横向一致"，就是你和家人要保持一致。你肯定深切感受过，如果你说某个事情不能做，但是家里其他人说可以，那么孩子一定会去寻求保护伞。举个例子，我儿子要吃糖，先问了爸爸，爸爸说吃饭前不能吃，他立刻跑过来问我，妈妈，我能吃糖吗？如果我说不能吃，那他就知道没有空子可钻，也就死心了。但是如果我犹豫了一下，回复他，要么你就吃一粒糖，这样也不影响吃饭。那么他马上就会对爸爸说，妈妈说可以吃！事情至此，我们再去坚持"饭前不能吃糖"就不太可能了，因为他已经找到了漏洞。所以，我们和家里人一定要统一思想，一致对娃，即使有分歧也不要当着孩子面争论，私底下再去商量。这样，全家人形成统一阵线，孩子没有空子可钻，你给孩子立规矩就容易多了。

第七章

如何管教孩子才有效

如果父母坚持原则，当行为的后果出现时，不去帮孩子避开后果，让孩子为自己的行为承担后果，付出代价，他就会去改正行为，这比说教要有效得多。否则，孩子不需要为自己的行为承担结果，没有经历任何损失，没有品尝任何痛苦，他凭什么要改正呢？

✿ 如何培养自信的孩子：发现优点，常常鼓励

睡前刷牙的时候，周周在外婆的牙刷上挤好了牙膏，然后接了一杯水，把牙刷放在杯子上。做好这些后，周周满心欢喜地告诉外婆："外婆，我帮你挤好牙膏了！"外婆走过来一看，数落她说："哎呀，挤了这么多牙膏，真是太浪费了。"其实牙刷上的牙膏只不过一厘米长，退一步说，就算是牙膏糊住了整个牙刷，但是她乐于服务他人不也很可贵吗？周周有些黯然。我赶忙上前说："周周可以帮外婆挤牙膏了，很不错。"周周眼睛里闪过一丝亮光，兴奋地说："我还可以帮妈妈挤牙膏。"

还有一次，早上起床的时候，周周一边喊着"要尿尿了"，一边开始拉，把床单尿湿了一小块，但是她忍住了大部分，憋到厕所才拉。外婆看见了，用"恨铁不成钢"的语气来了一句："你都这么大了，居然还尿湿裤子！"听了外婆这么说，周周有些沮丧，还有点儿尴尬。外婆还想继续数落，我用眼神制止了，转过脸对周周说："原来你尿湿很大一片，现在能忍住一些，只尿湿很小一片了，我觉得你进步了。"听我这么说，周周立刻释然了。

同样一件事情，从不同的角度去看，结果完全不同，外婆看到了它

的反面，我看到了它的正面，对孩子的影响也就差之千里了。

我们看看这几句话带给孩子的不同感受：

"挤了这么多牙膏，真是太浪费了！"——我浪费了牙膏，我做得不好。

"周周可以帮助外婆挤牙膏了，真不错。"——我可以服务别人了，我很能干。

"你都这么大了，居然还尿湿裤子！"——我这么大了不应该尿裤子，我真差劲！

"原来你尿湿很大一片，现在能忍住一些，只尿湿很小一片了。"——我进步了！我真不错！

在前面的章节中我们聊过，孩子小时候是通过周围的人特别是父母对他的反馈来认识自己的，父母就像一面镜子，孩子在这面镜子里看到的是积极正面的反馈，是鼓励和接纳，那么孩子对自己的认识就是"我是一个不错的孩子"。反之，如果孩子在这面镜子里看到的是负面的反馈，是否定、挑剔和打击，那么他对自己的认识就是"我真差劲"。这并不意味着我们对孩子的缺点和错误视而不见，发现孩子的优点、鼓励孩子与批评孩子并不矛盾，我在下一篇就会写关于批评孩子的事情。

如果我们善于发现孩子的优点和进步，总是给孩子很多鼓励，那么孩子的进步会越来越大。而如果我们总是以挑剔的眼光看孩子，对孩子的优点和努力视而不见，总是盯着他的缺点和不足的话，孩子就会非常气馁和自卑。

我一位朋友总觉得自己孩子这也不行，那也不行。她家孩子星星和周周差不多大，这个孩子其实有很多优点。比如，有一次我们聚会，一大群人在公园烧烤，大约有几十张烧烤台，来烧烤的人们几乎占满了这些台子。我们这一群人分了3个台子。星星从另一个台子上拿来两个橘子，一个给自己，另一个给周周。这对于一个3岁的孩子来说，是很了不起的。首先，星星没有要爸爸妈妈帮他去拿橘子，而是自己去拿，到一个陌生的人群中能尽快找到自己需要的东西，这是一种能力；其次，星星不仅给自己拿了橘子，还不忘记给周周拿一个，这说明星星很热情，不是只顾自己，心里也想着别人，这是多么好的品质。我跟朋友说了这些，并打趣说，没有一个孩子是一无是处的，就看我们做父母的有没有一双发现的眼睛。朋友不好意思地挠挠头说，啊，原来我家孩子也有一些优点，你不说我真没发现呢。

如我朋友这类型的家长，对孩子的优点视而不见，不是他们不想去发现，而是他们不会观察孩子，发现不了。而另一类家长则是追求完美的性格所致，对孩子的要求很高，甚至很苛刻，孩子的优点和做得好的地方全都是理所应当的，若孩子稍微有一点做得不好的地方，他们便要责备了。我认识的一个家长，每次见到我就向我抱怨，说孩子没有主见、不懂得坚持、叛逆等，总之浑身都是缺点。孩子一点都不听话，处处和他们作对。其实这个孩子活泼开朗、讲理、友善，有很多优点。我把孩子的优点一条条给她列出来，她却并不认同，不以为然。她对孩子要求很严厉，从来不允许孩子犯错，如果孩子稍有失误，她就会很严厉地责备孩子，把孩子说得一无是处，后来孩子真的越来越逆反、越来越不听话了。

没有人喜欢被否定，孩子也是如此。你想象一下，假设你在单位的主管总是盯着你不足的地方，挑剔你这里做得不好，那里也做得不行，对你做得好的地方却视而不见，你会是怎样的感受？你会积极工作还是消极怠工？你会发自内心地服从这位主管，还是表面听从，心里却感到备受打击或各种不服？我想答案不言而喻。

孩子最初通过父母的眼睛来认识自己，父母是否能看到孩子的优点，对孩子是持肯定和鼓励的态度，还是常常否定他，对于孩子认识自己有非常大的影响。如果父母看不到孩子的优点和努力，而是紧盯孩子的缺点和不足，常常否定孩子，那么孩子对自己的认识是：我这也不行，那也不行，我是一个很差劲的小孩。如果父母发自内心地欣赏孩子，看到孩子的优点，及时肯定孩子的努力，那么孩子对自己的认识是：我是个不错的孩子，我对自己比较满意。我们做父母的都希望自己的孩子充满自信，那么，我们就试着去发现孩子的优点，以肯定和鼓励的态度对孩子吧。

✿ 心疼孩子，不愿让孩子承担结果，就等于鼓励孩子的坏行为

羽妈来信：周老师，我家孩子常常不好好吃饭，有时吃一点点就跑了，有时边玩边吃……我和孩子约定，她可以选择吃饭或者不吃饭，但如果她没吃饭，我到下一餐才提供饭菜，中途不提供食物。但是，这条规则难以实施，孩子看到哥哥姐姐们喝牛奶，她也要喝，这时不给她喝真是太残忍了，我每次都忍不住还是给她吃了……我这样做有没有问题啊？我该怎么做？

在这封来信中，羽妈提出了一个妈妈们担心的问题：让孩子为自己的行为承担结果会伤害孩子吗？

孩子在吃饭的时候没吃完就跑开了，当他饿了的时候来找妈妈要吃的，妈妈不给吃看起来好像不近人情，这样会伤害孩子吗？其实，这不但不会伤害孩子，反而对孩子有益。孩子需要承担自己行为带来的结果，这样可以学习"负责"。小羽不好好吃饭，结果是"挨饿"，她需要为她的饥饿负责。如果小羽体验了自己不好好吃饭的结果是"挨饿"，为了避免挨饿，她就会调整自己的行为，好好吃饭。

孩子不好好吃饭，家长照样给他吃零食、喝牛奶，这样孩子不需要

承担不好好吃饭会"饥饿"的后果，他没有为"不好好吃饭"付出任何代价，他为什么要改变自己呢？自然他还是不好好吃饭。

再如，孩子早上赖床，结果是上学迟到"挨老师批评"，他需要为迟到负责。孩子赖床磨蹭，家长不断地催促，唯恐孩子迟到……家长做这些就是在为孩子的"迟到"负责。既然不必挨批，不必担责，那孩子干吗还要早起，干吗还要为自己的行为负责呢？

为人父母者，总是容易心软，唯恐伤了孩子。我们需要给孩子爱和自由，但在满足了爱和自由的前提下，我们也需要让孩子学习承担后果。正所谓"种瓜得瓜，种豆得豆"，人种的是什么，收的就是什么，这是老天定的自然法则，你种的是瓜，地里长出来的就是瓜，不会长出豆来。如果我们总是让孩子"种瓜得豆"，他又怎能学会这个法则呢？所以我们在孩子小的时候就要让他体验"人种什么，就会收什么"的法则，你不必跟在孩子后头收拾烂摊子，让他自己去面对他的选择所带来的结果，这样孩子就能学会两件事：学会选择，同时学会为自己的选择负责。

周周过了7岁生日后，我交给她一个任务：每餐饭后的洗碗工作由她负责。刚开始的几天，她兴致勃勃，餐后主动去洗碗，但几天之后便厌倦了洗碗，要么忘记洗，要么应付一下马马虎虎洗完了事。我完全理解她的厌倦情绪，对于7岁的孩子来说，要每餐坚持洗碗并不是容易的事，需要有一定意志力和责任感才能坚持下去。我仍然要求她坚持餐后洗碗，鼓励她"7岁的小孩要坚持每餐洗碗并不容易，但我相信你能够坚持下来"。大多数情况下，正面鼓励后她即使不情愿也去洗碗了，但也有鼓励无效的时候，这时我告诉她，她是这个家庭的一员，有责任承担家里力所能及的家务活，洗碗是她力所能及的事情，是应该由她承担的分内的事情，无论她喜欢还是不喜欢，都应该坚持下去，如果她执意不洗碗，晚上只好让她使用没洗的碗吃饭。由于我们一直言出必行，所以她知道我不是说着玩的，预想到下一顿要用脏碗吃饭的后果，她马上去把碗给洗了。

许多妈妈和羽妈一样，给孩子立的规则很好很必要，但难以坚持，原因有两方面。

☆ **第一，心疼孩子，不忍心让孩子承担后果。**妈妈觉得让孩子承担结果很"残忍"，担心孩子会受到伤害。羽妈就是这样，由于怕伤害孩子，她放弃了坚持，不让孩子承担结果。家长在执行规则上"干打雷，不下雨"，孩子屡次看到"雷声"之后并没"下雨"，他便不畏惧"雷声"了。当你的规则只是一些"话语"，你并没有实际行动，也从来不让孩子承担后果时，那么你的规则只是挂在墙上的一纸空文，你对孩子的管教也是白费力气，一点效果都不会有。

☆ **第二，担心让孩子承担结果会破坏亲子关系，失去孩子的爱。**我们成长小组的一位妈妈，孩子常常指责她、对她粗暴无礼，有时还打她。她感到心痛、难过，也很无助。我发现问题症结在于她不敢让孩子承担结果，因为她担心那样会破坏母子关系。比如，她和儿子还有爷爷在楼下打羽毛球，他们约定好输掉6个球就下场，3个人轮流打。儿子和她打的时候输了下场，换爷爷上场，他们刚打到3个球的时候，儿子说：输掉3个就下场啊。然后跑到爷爷那里抢球拍。她说：不行，爷爷还有3个球，让爷爷继续打。她儿子听了很生气，扔下拍子走了。他们继续打了十几分钟，想让他自己反思一下。但是后来还是忍不住过去安慰儿子，但她儿子根本不理她，怒气冲冲地走得更远了。

她的担心是：让孩子遵守约定会不会伤害孩子的自尊心？是不是要放弃原则，维护母子关系？

我告诉她，妈妈坚持原则并不会伤害孩子，孩子目前不能接受妈妈的拒绝，是因为此前妈妈由于不忍心而很少拒绝他，所以他以为妈妈理所当然地应该满足他的一切要求，当妈妈拒绝他的时候他特别接受不了。妈妈完全可以让孩子承担赌气离开的结果，那就是失去打球的美好时光和乐趣，而不必去安抚他，给他一些时间反思。这样，孩子体验到不守规则和赌气会付出代价，就会去调整自己的行为。融洽的亲子关系不是靠家长讨好孩子来维护的，家长和孩子应该彼此尊重，任何一方高高在上，将另一方压在底下，都是失衡的亲子关系。

让孩子承担结果是孩子学会负责的必要手段，从来不需要承担结果的孩子永远学不会负责。做父母的眼光要长远一点，不要仅仅看到眼前，要看到更远的未来。

比如，孩子自私霸道，喜欢争抢，你怕伤害孩子，只是轻飘飘说几句，不舍得让孩子承担后果，那么他在公共场所争抢玩具可能会给他带来更大的伤害。

一个4岁的孩子只想要别人围着他转，只顾自己，不顾别人，那么到他24岁的时候，可能还是以自我为中心，他的人际关系可能很糟糕。

一个5岁的孩子想要什么就必须得到，没有满足他就会大吵大闹，今天他想要的是一个玩具汽车，你可以给他买，那么20年后他想要的可能是一辆豪华跑车、一架私人飞机，你不满足他就要找你大吵大闹，到那时候你该如何是好呢？

现实会教育孩子，如果我们今天不让孩子承担现实的后果，明天现实会让孩子和我们付出更大的代价，那才是对孩子最大的伤害。

✪ 孩子打你？一定要零容忍！

好多家长跟我说他们被自家孩子打过。

"我那两岁多的女儿生气的时候会打我，我跟她讲有什么事情好好地说，不要打我，但是一点用都没有。"一位妈妈写道。

"晚上一大家子人在一起，小姑请我6岁的儿子帮她拿杯子：'淮安，去帮姑姑把杯子拿过来，哎呀，不是这个，是那个绿色的。'可能是小姑不耐烦的语气让儿子很不爽，他突然冲过来，在我背上猛地打了一巴掌，痛得我半天说不出话来。这不是儿子第一次打我了，真是让人伤心。"另一位妈妈在信中这样写道。

"我家儿子8岁，喜欢玩手机游戏，倘若我们没收手机，他就会大发雷霆，有时对我们拳打脚踢。"一位爸爸这样说。

他们中有些人并没有意识到孩子打家长的严重性，以为小孩子不懂事，长大了就好了。有的人（特别是老人）甚至在孩子打自己的时候笑呵呵的，觉得好玩。有些人意识到孩子打家长是很恶劣的行为，也采取了一些措施，但是没有什么效果。

孩子打家长是一种冒犯、藐视、悖逆家长的行为，如果在一个家庭里经常发生这样的事情，那么家长在孩子的心目中没有威信可言，更谈不上如何去管教孩子了。所以，对于孩子打家长这种行为，我们的态度应该是零容忍，绝对不允许。

那么，在孩子打我们的时候，我们该怎么做才会行之有效呢？

如果你的孩子伸出手要来打你但是还没有打到，这时你应该第一时间抓住他的手，严肃而坚决地警告他：不许打妈妈（爸爸）！他接下来可能会哭闹、生气，没关系，让他生气一会儿，你要做的是控制住他，绝不允许他来攻击任何人。可别告诉我你控制不了，他还是个孩子，你凭着你成年人的身高体力控制不住他？当然有的七八岁以上的孩子怒火冲天时破坏性极强，很可能靠妈妈一个人控制不了，那么爸爸要立刻给予帮助，控制住孩子的手脚，不允许孩子攻击人或者打砸物品。待孩子平静下来后再来管教他。

如果你的孩子在你猝不及防的时候已经打了你，这时你应该迅速抓住他的手，控制住他，不允许他再次打你。同样，他接下来可能会发脾气、哭泣，你可能也非常生气，这时注意要冷静，不要在生气的时候去和孩子对打，或者说一些难听的话。因为你这么做，其实和两个小孩子打架没什么区别。如果你感觉自己情绪快要失控，那你最好离开一会儿，待自己平静下来再处理这件事。切勿在发脾气时教育孩子，因为当你在愤怒中的时候，你可能会做出一些不理智的行为，说出一些非常难听的话，人处在怒气中的时候，心智和孩子差不多，所以那个时候是没有任何能力去教导孩子的。如果你非要在那个时候教导孩子，你的"教导"会变成发泄怒气，孩子注意力都在你的情绪上，而不是在他的不良行为上，他可能会害怕或者抵触或者怨恨。即使他当时服从了，也是因为害怕，而不是对自己的行为有懊悔和反思，所以他不会从根本上改善自己的行为。

　　当你确定自己已经平静下来时，就可以管教孩子了。对于小龄孩子，你尽可能用简单的话语使他明白，他打你是错误的，绝不允许再次发生。然后实施惩戒，目的是帮助孩子认识到自己的错误。惩戒可以是让孩子失去自由几分钟（年龄越大时间越长，可参考几岁几分钟），让孩子反思错在哪里。在惩戒那段时间里看好孩子，不允许玩，不允许到处跑，到时间了问孩子是否知道自己错在哪里。如果孩子真诚认错，你就要立刻原谅他，拥抱他，和他和好；如果孩子拒不认错，继续惩戒孩子，直到他认错为止。有的孩子比较倔强和叛逆，父母一方面要多陪伴孩子，和孩子建立亲密信任的关系；另一方面要坚持原则，在这场意志的较量中坚持到底。惩戒孩子的目的不是宣泄你的怒气，也不是在亲子战争中一争高下，而是要孩子真正意识到自己的错误，愿意悔改。常有家长问，打也打了，骂也骂了，道理也讲了，为什么孩子还是改不了呢？这是因为孩子没有真正意识到自己的错误，没有悔改的心，所以他很难有真正地改变。

　　在亲子关系良好的前提下，那些性格温和的孩子可能只需要管教一次，今后就不会打家长了。而有些个性强悍的孩子可能需要一贯、持续地管教多次才能改善其行为，所以惩戒的力度和时间要根据你家孩子的情况酌情而定，达到让孩子悔改、认错并改正的目标即可。

　　另外，在对待孩子的态度上，父母要一致，如果在一个人管教孩子时，另一个人却出来护着孩子，那孩子不会听从你们的，也不会改正他的行为。

✩ 不要对孩子随意许诺，孩子才不会赖皮

朋友带着孩子上我们家玩，临走的时候，孩子突然说要到我们楼下的理发店去理发。朋友夫妻劝说孩子，你的头发这么短，不需要理。孩子不干了，哼哼唧唧地闹着要理发去。我十分纳闷，孩子的头发实在是很短，为什么他非得剪头发呢？朋友解释说："我们来的时候，孩子在楼下看见那个理发店了，觉得很新奇，说要进去理发。我想让孩子快点上来，就随口答应说回去的时候再去理。我以为过一会儿孩子就会忘了这件事，哪知道他这个时候又想起来了。"

怪不得孩子这么坚持要去理发，原来是他妈妈答应了他，尽管他的脑袋上实在没有什么可理的了。对孩子来说，你答应了的事情他都会当真的，也许有时候他会忘记，但只要他想起来就会要求你践约。我笑着对朋友说："既然你已经答应了他，就要说话算数，不然孩子下次可能不会相信你了。"

很多人喜欢随口给孩子许诺，许诺后却不兑现，反而劝说孩子向自己妥协。周周4岁的时候，我和好友约定次日带孩子一起去公园玩，头天晚上，我们把这个计划告诉了各自的孩子。第二天，天气异常炎热，好友来电话说因为天气太热，不去了。还说儿子正因这件事在无理取

闹。我说："这不是你儿子无理取闹吧？你答应了儿子要去公园，现在又不去了，你不给他一个解释吗？"好友笑笑说："可我看到这毒辣的太阳就不想出门，我拿玩具枪分散他的注意力了。"她的儿子10岁，分散注意力并不能解决妈妈改变决定的这个问题，反而让孩子觉得妈妈言而无信。如果实在因为特殊原因，原计划不能进行，应该给孩子解释清楚其中的原因，请孩子体谅。

有的家长认为孩子小，骗一骗没什么，过后就会忘记。可事情并不是这样的。

以前我们幼儿园的一个孩子，刚上幼儿园的时候特别不适应，每天都哭着不肯上幼儿园。他家是爷爷奶奶负责接送孩子，每天送孩子来幼儿园是个苦差，因为孩子就是不肯出门。爷爷奶奶好说歹说劝孩子出门，全都没有用，于是他们骗孩子说是到院子里玩，不上幼儿园。被骗了几次后，孩子不肯再上当受骗了，哪儿也不去，这下老人没辙了。他们找到我，问我该怎么办。我说："在孩子看来，爷爷奶奶答应带他到院里玩的，怎么一出门又是上幼儿园来了？他当然不肯出门了。他觉得自己被骗了，觉得大人的话不可信，这会让他更加不安，也更难适应幼儿园生活。其实，你们只要和孩子实话实说就行了，告诉孩子几点来接，然后按着你和孩子约定的时间来接，这样坚持一个星期左右孩子就适应了。"

我不在孩子面前随口许诺，每一次答应孩子一件事情之前，我会先想想，这件事情我能办到吗？如果不能，就不要随口答应，而一旦答应了，除非有特殊情况，不然总要兑现承诺。我们这样做赢得了孩子的信任。记得周周3岁多的时候，我要做一个手术，须在医院住院5天。那5

天里我不能陪在她身边，此前她从来没在晚上离开过我。我告诉她，妈妈生病了，要去医院做手术，要在医院住5天，5天之后妈妈病好了就可以回来陪你了。那天去医院的时候，外婆还在路上，我们把她托付给了邻居。离开的时候，周周轻松地和我们说再见，在我住院的5天里，她想我的时候会打电话给我，但是没有闹情绪。虽然她从未离开过，但这一次离开好几天能够不哭不闹，这是因为我从来不食言，不骗她，答应她的事情一定会兑现，所以她很信任我，知道妈妈说好5天会回来就真的会回来，她不用担心和害怕。

我们信守承诺不仅会赢得孩子的信任，同时也是一个榜样，孩子也会潜移默化地学会信守承诺。反之，如果我们欺哄孩子，就让孩子学会了言而无信。《曾子杀猪》是一个大家耳熟能详的故事，生动地说明了父母信守承诺是何等重要。曾子的夫人到集市上去，他的儿子哭着闹着要跟着去。夫人对其子说："你先回家待着，待会儿我回来杀猪给你吃。"她刚从集市上回来，曾子就要捉猪去杀。她就劝止说："只不过是跟孩子开玩笑罢了。"曾子说："可不能跟他开玩笑啊！小孩子没有思考和判断能力，要向父母亲学习，听从父母亲给予的正确教导。现在你欺骗他，这是教孩子骗人啊！母亲欺骗儿子，儿子就不再相信自己的母亲了，这不是实现教育的方法。"于是曾子就杀猪煮肉给孩子吃。

我们对孩子说过的每一句话，孩子都会信以为真，所以，在孩子面前我们要慎重许诺，一旦许诺，就应该兑现承诺。我们信守承诺，孩子才会说话算数，不要赖皮。

☆ 孩子不接受批评怎么办

　　一位10岁男孩的妈妈说："我儿子只能听表扬赞美的话，不愿意接受任何批评意见，即使他明明有错误，别人善意地指出来，他也不愿意听。在学校被老师批评了，他生闷气，然后故意捣蛋破坏；在家父母委婉指出他的不妥，他就要大发脾气。"

　　一位3岁女孩的妈妈也说："女儿做错事的时候，我一般都是蹲下来，和她说，她刚才的表现怎么不好了，问她知不知道错，她要是承认了，我就会抱抱她。但她很难接受意见，通常我刚说两句她脸上就挂不住了，不愿意继续听。前几天幼儿园老师因为穿衣服的事说她了，昨天晚上做梦都在哭，而且早上不爱去幼儿园了。我很担心她这样的性格，因为在幼儿园或以后上小学，老师批评时不一定有这么好的态度和耐心，我怕她接受不了。"

　　经过和两位妈妈的详细沟通，了解到她们对待孩子比较尊重，她们并不是简单粗暴、不顾孩子尊严的那种家长，所以排除掉家长伤孩子自尊引发孩子逆反的原因。那么是什么原因导致孩子听不进别人意见的呢？

　　这是人性里面骄傲的本性使然。你看我们哪一个人不是更喜欢听溢美之词、不太爱听批评意见？只不过我们成人不像孩子那么赤裸裸显露不悦而已，我们一般会掩饰这份不悦，甚至会显得很虚心的样子。而听到溢美之词的时候一般会谦虚一下：哪里，哪里，其实心里美滋滋的。比如，别人夸我"周老师，您的书使我醍醐灌顶，受益很深啊，您是我育儿路上的一盏明灯"。我听了心里很美啊，自己是别人的明灯，多受用，于是心里暗喜，嘴上却说"哪里，哪里，很多不足，请多提意见"。表面我显得很谦虚，其实内心还是骄傲。当这样赞美的声音多了、批评反对的声音少了之后，人会渐渐膨胀，越来越骄傲，对自己的认识开始虚幻起来，以为自己正确无比，凡是跟自己不同的意见都是错误的。

有人可能要问了，那些自卑的人心里也潜藏着骄傲吗？是的，自卑不是谦卑，自卑的人心里同样藏着骄傲，你去看许多人身上自负自大和自卑同时存在就知道了，他们成功时显示出自负，失败时又很自卑。

成人是这样，孩子也是这样，每个孩子心里都潜藏着一份骄傲。性格不同的孩子表现也不同。性格要强的孩子会像上面两个小朋友一样，明显地、公然地不接受意见，在别人指出不足、提出意见时生闷气或发脾气。性格温和的孩子表现得会比较隐蔽，嘴上不说，但心里不以为然。

那么，我们做家长的怎么来帮助孩子虚心听取批评意见呢？

家长们有两个倾向，一个倾向是怕孩子骄傲，很少赞赏孩子，常常挑剔孩子的毛病，打击否定孩子。另一个倾向是为了让孩子自信，总是赞美表扬孩子，看不到或不敢指出孩子的不足，也不敢批评孩子。两者都走偏了，前者让孩子自卑，觉得自己不行、没用；而一味地赏识教育则助长了孩子心里潜藏的骄傲，让孩子高看了自己，骄傲自大，听不进意见。

我们要弄清楚自信和自傲是不同的，谦卑和自卑也不是一码事。我们要教导孩子自信但不要自傲，教导孩子谦卑但不要自卑。首先我们要接纳孩子与生俱来的样子，他的长相模样，他的天赋才能。无论他漂亮不漂亮，聪明不聪明，他可能说话很迟，数学很差，或者作文写不好，或者五音不全，或是反应迟钝，通通都接纳他、爱他，只因他是我的孩子。然后我们要有发现的眼睛，能够看到自家孩子的特质和闪光点，不要将自家孩子跟别家孩子比，因为每一个孩子都是独一无二的，每个人的天赋才能都不同，没有可比性。**所以我们既要欣赏孩子的闪光点，鼓励和发挥孩子的特质；又要客观地看待孩子，不要美化和拔高孩子，对孩子的不足、缺点和毛病，不要挑剔否定孩子，但是要及时指出，帮助孩子改正和完善。**

回到上面的案例，10岁男孩，不接受任何批评意见，并公然抗拒父母和老师的中肯批评，对这样的孩子，父母在孩子发脾气后，要请孩子反思，反思过程中不允许做任何事情，待他认识到自己的错误之后才能获得自由。只要孩子认错，父母就不要揪住他的过错不放，要立刻宽恕他，向孩子表达爱。但孩子犯错后的自然后果还是得由孩子承担，这是什么意思呢？举个例子，孩子在学校和同学发生争吵，一气之下将墨水甩到同学的衣服上，经过父母引导教育后，孩子意识到自己的行为错了，父母就应该立刻宽恕他，然后请他去给同学道歉，并且要孩子将同学的衣服清洗干净。孩子需要经过反思、认错、为自己的行为负责的过程，才能真正认识到自己的错误并真正改正它，三个环节一步都不能少。

可能有的孩子在反思之后仍然不肯认错，一种情况是孩子真不知道自己错在哪里，这时家长可以引导孩子换位思考，假如你是对方你会是什么感受，你希望受到这样的对待吗？你觉得你不应该做什么？如果下次发生类似的事情，你觉得你应该怎么做？耐心引导孩子找出自己错在哪里，应该如何改善。另一种情况是孩子明知自己错了但嘴硬不肯认错，这时家长必须坚持原则，要孩子认错之后才能获得自由，否则他什么都不能干，哪儿都不能去，并且告诉他，顽抗的时间越久，失去的权利越多。当然这样做的前提是你和孩子的关系够好，否则孩子会更加叛逆。

而对于小龄孩子（如那个3岁女孩）就更好办了，每次孩子做错都按照上面的方式处理。刚开始孩子可能会感觉痛苦，但她慢慢会知道做错了妈妈会批评、认错后妈妈会原谅并且妈妈仍然爱她，逐渐她就知道做错事挨批评是正常的事情，就能接受别人的批评意见了。

☆ "熊孩子"该如何管教才有用

晚上，我们在球馆打羽毛球，正打着球，一位爸爸带着女儿从外面进来，从我们的场子里穿了过去。在接下来的半个多小时里，这个6岁左右的小女孩一刻都没闲着，一会儿在我们的场子里跑来跑去，一会儿拿球拍击打球网，一会儿从别人的场子里蹿过去，一会儿站在她爸爸的场子里，差点儿被爸爸的拍子打到。面对小女孩打扰别人的行为，整个过程她爸爸没有出来制止她。

这样的小孩不少见，他们常常破坏、骚扰、妨碍别人，譬如，别人在跳长绳的时候，他也不跳，但从中间蹿来蹿去，使得别人没法跳；时常在家里拍球、蹦跳，发出很大的动静，让楼下邻居不得安宁；游泳的时候冲别人泼水、拖别人的脚；从窗口往楼下扔纸团、旧玩具，也不怕砸着人。

我很喜欢小孩，但是面对这样的小孩，还真喜欢不起来。前几天看到一个新闻，两个小男孩在上海玻璃博物馆观展时跑进护栏里面，用力摇晃和拉扯挂在墙上的玻璃制品，将一件名叫《天使在等待》的展品严重破坏，这件展品是艺术家花费27个月的时间创作而成的，破坏它只用了一分钟。监控显示，孩子摇晃展品时，两位妈妈在旁边拍照，并未制止。看网友评论，这两个"熊孩子"引起了大家的公愤，大家更愤怒的是"熊孩子"背后的家长。

每个"熊孩子"后面都有一个"熊"家长。看了监控视频中两位妈妈的反应，就不难明白为什么两个孩子会这么"熊"，当孩子跨入护栏、摇晃拉扯展品的时候，妈妈不但没制止，还在拍照，孩子能不继续破坏吗？孩子有不当行为时，家长不及时制止，就是在默许和纵容孩子，孩子会认为他这个行为是被允许的，你不要指望他自行改正这个行为，什么"孩子长大了自然会变好"，那是骗人的谎言。在孩子闯祸后，有的家长常常以"孩子小，不懂事"为由替自家孩子开脱，要别人包容孩子。孩子是不懂事，分不清是非对错，但是我们做父母的不应该教给孩子什么能做，什么不能做吗？"养不教、父之过"，我们做父母的若不及时管教孩子的不当行为，孩子的错就是我们的错啊。

有人可能要问了，我也想管孩子啊，可是我管不住怎么办？确实，有的家长并不是不想管孩子，而是真管不住。比如，我们有次在游泳馆碰到一个9岁左右的小男孩，他不停地朝周周泼水，还趁周周游泳的时候，猛地过来拖住她的脚，幸亏是浅水区，不然周周得被淹了。我们口头制止了他几次，喊不住。他妈妈在岸上大声制止他，叫他不要骚扰别人，他也不听。最后，我抓住他的手臂，警告他：你若再来骚扰我们，我立刻把你交给游泳教练，叫他带你出去。他这才停止了。

面对孩子的不当行为，我们怎样管教才有效呢？

☆ **第一，我们做父母的平时要以身作则，凡事常常考虑到别人，而不是只顾着自己。**但凡可能伤害、冒犯、妨碍、影响别人的事情都不要去做。我们做每一件事情时要想一想，我这样做会不会给别人带来麻烦和不便呢？譬如，你在路上开车，你会不会突然变道让别人措手不及？你在公共场所排队时，你会不会插队加塞？你在博物馆看展时会不会大声说笑？你会不会在电梯、公交等密闭空间抽烟？你会不会午休或深夜在家里发出很大的动静以至于影响楼下邻居休息？倘若我们自己都做不到尊重别人，做不到不给别人添麻烦时，我们拿什么去教给孩子呢？就如羽毛球馆那位爸爸，连他自己都不顾别人正在打球，从别人场子里穿过，他又如何能教女儿尊重别人、不打扰别人呢？"龙生龙，凤生凤，老鼠的儿子会打洞"，什么样的家长教出什么样的孩子。毕竟，我们教不了孩子连我们自己都没有的东西。

☆ **第二，口头警告和行动配合。**满足了以身作则这一前提条件，我们再来谈管教方法。当孩子出现不当行为时，要第一时间制止。口头制止无效时立刻配合行动，不要光打雷不下雨，如果你的管教只是口头上说说，而没有与之配合的行动，那你就只是在白费力气。就如游泳馆那个男孩，妈妈喊半天没有用，我们口头制止也没有用，我抓住他的手臂阻止他才有用。当孩子闯入护栏要摇晃拉扯展品的时候，你第一时间将他拉出来，不许他摇晃展品；当孩子在别人的长绳之间蹿来蹿去的时候，你立刻拉住他，不许他破坏别人跳绳；当孩子在别人的羽毛球场跑来跑去的时候，你立刻抱开他。立即以行动制止孩子的不当行为，这是第一步。

☆ **第三，以行动制止住孩子后，我们要用孩子听得懂的语言简明扼要地告诉孩子，不许这么做，他这么做影响了别人，以及可能引起的后果。**不要以商量的口气跟孩子说这些，而要态度坚决，表明你对这个行为严厉禁止的态度。因为家长的态度会决定孩子接下来的行为，倘若家长过于温柔，孩子很可能继续刚才的不当行为。

大多数女孩和少数性格温和的男孩到这一步，会停止他们的不当行为。但部分叛逆的女孩和大多数调皮的男孩可能会再次重复他们的不当行为。当孩子出现第二次不当行为时，我们就得给予适当的惩戒了。要注意的是，惩戒的目的是让孩子认识自己的错误并改正，而不是发泄家长的怒气，所以你不要在气头上惩戒孩子。这个惩戒根据当时情况和孩子的性格而定，可以是控制他的自由，让他站一会儿，也可以是取消他的某些权利（这个权利必须是他非常在乎的），总之你要让孩子付出一点代价，达到让孩子认错悔改的目的。一旦孩子认错，并表现出悔意，我们要立刻原谅孩子，并表达对孩子的爱，这样我们的惩戒不仅不会引起孩子的憎恨，还会增进我们在孩子心目中的权威，让孩子明白我们管教他的背后是深深的爱。

　　如果我们每一次都用这样的方式对待孩子，孩子就会逐渐改正他的不当行为，学会尊重他人。

☆ 跟老人有育儿的分歧，该如何沟通

　　这篇文章是应网友们的强烈要求写的。现在大多数孩子由老人照顾，只要是老人带孩子的家庭，几乎都会碰到和老人沟通的问题。老人们坚持着老一套的方法带养孩子，无法落实年轻家长的教育理念。家庭成员教育态度、方式不一致，教育效果就会大打折扣甚至毫无效果。家长们迫切期待能有改变老人教养方式的"秘籍"。

　　网友美宝宝说："女儿一直不好好吃饭，她吃饭的状态是：大人追着喂，她一边玩一边吃，或者一边看电视一边吃，大人不喂就不吃。我下决心要培养她良好的吃饭习惯，跟女儿约定规则：吃饭一定要在餐桌边吃，不可以到处走动，不可以做其他任何事情，而且要自己吃，不能喂。事先我跟婆婆和老公做了详细的沟通，他们很不以为然，觉得小孩子喂喂饭没什么大不了的，反正总不能饿着吧。我跟他们灌输了'小孩子是饿不坏的'观点，他们不认可，但是在我的强烈要求下，他们答应和我配合，培养女儿良好的用餐习惯。结果是：女儿上桌后，磨磨蹭蹭，扒拉两口之后就下桌了（这个过程中，婆婆在旁边几次跃跃欲试想喂，但是被我用眼神制止了）。我问女儿你吃饱了吗？女儿说吃饱了。我说，那好，必须到下一餐才可以吃东西，中间除了喝水不能吃任何东

西。女儿答应了。没想到女儿刚下桌，婆婆就拿着饼干出来了，不顾我的反对，喂给孩子吃。我气晕了！婆婆竟然说，哪有你这样的妈妈，要饿自己孩子的。由于婆婆的不配合，至今女儿吃饭仍然靠喂，边玩边吃。"

这位妈妈的事例具有代表性，大多数家长都遭遇过同样的苦恼，就是由于老人的不配合，导致无法一致教育孩子，影响孩子的性格和习惯的养成。

我能深切感受到这些家长的心情，因为我们家也有一位不和我配合的老人，就是我妈。她性格急躁，容易动怒；凡事喜欢主观臆断，凭个人喜好来断定一个人和一件事；争强好胜，得理不饶人，不给别人留余地；有时胡搅蛮缠，有点"秀才遇到兵，有理讲不清"的感觉。当然她的性格也有很多优点，乐观、自信、自强、节俭等。我妈非常固执，总认为自己是对的，沿用着老一套传统、错误的方式对待周周。比如，周周出生的时候，腿是弯的，她说必须绑直，不然长大后会成罗圈腿；她嫌麻烦，不准周周翻箱倒柜，不准弄湿弄脏衣服；她担心周周饿着，如果周周哪一顿吃饭不多，她就拿起勺喂；她不容许孩子犯错，一旦孩子有失误，她会数落好半天。对于周周的教养问题，她经常振振有词地说："我吃过的盐比你吃过的饭还多，把你们带大了，不也好好的？"

孩子的性格会受带养人潜移默化地影响，谁带他最多，受谁的影响就最大。我不希望周周被她外婆性格上的缺陷以及错误的育儿观念所影响，所以，我坚持自己带她。同时，我利用一切机会，试图改变我妈的旧观念。改变老人尤其是性格固执的老人的观念是非常不容易的，也是一个漫长的过程。令我欣喜的是，经过我的耐心"灌输"，我妈有了很大的改变。有一次，她居然发出这样的感慨："带孩子真是一种乐趣呀，我怎么没有早发现这种乐趣？"以前她虽然喜欢带孩子，但是觉得带孩子是个艰巨的任务，很累、好烦。现在她学会了观察，知道了解孩子行为背后的内心活动，并且还能分析其他家长的一些不妥之处。

在这个过程中，我一直坚持一个原则：采用什么方式带孩子决定权在我，她可以建议，但孩子是我的，最终由我决定。

刚开始，我进展得并不顺利，我们为了周周的教育问题经常发生矛盾。我安排自己带周周，让我妈干家务活，尽量减少周周和我妈相处的时间，减少她对周周的负面影响。但是毕竟生活在一起，总是会有一些潜移默化的影响，比如，我妈性格急躁，遇到困难就要发火，跟锅碗瓢盆都可以较上劲。这一点周周像极了外婆，只要碰到困难，她就非常着急。还有，我妈喜欢唠叨，只要给她老人家增添了一点点麻烦（比如，周周玩沙弄脏衣服或是尿湿裤子之类的），她会絮絮叨叨大半天，不仅数落我，还数落周周。我试图说服她，但是她不买账，和我"辩论"，而且越说声调越高，从女中音变成女高音，一副不驳倒我不罢休的样子。我妈急眼的时候就会使出"胡搅蛮缠"的绝招，每次辩论都以我失败而告终。有时候我的心情本来好好的，她一句话就可以让我跌入低谷，她的苛求、唠叨、蛮不讲理让我抓狂。周周在旁边看着我们争论，以为我们吵架了，害怕得不得了。

很长一段时间，我陷入懊恼之中，怒气平息后我也开始反思。我意识到我和我妈之间围绕孩子的辩论实际上就是吵架，无疑这对孩子有负面的影响。我寻思着，是不是我过于和我妈较真了，和她正面交火，激发了她的抵触心理。

我发现我妈有性格缺陷，我想找到导致她性格缺陷的根源。性格形成于童年，这一点我深信不疑。我猜测是童年的经历导致她的性格缺陷。我妈幼年丧母，失去母爱是不是其中一个原因？家人对她又是怎样的教育方式呢？我很想了解。在我妈心情好的时候，我找她聊她童年的故事。我妈两岁多的时候，她的母亲就因病过世了，母亲断气的时候，两岁多的她站在床前，拉着母亲的手，哭喊着要妈妈，但是任凭她怎么喊，妈妈的眼睛都再也没有睁开……这些是记事后她奶奶告诉她的。幼年失去母爱是我妈一生的痛，至今只要提到这些事，她都会忍不住泪流满面。

我妈是她奶奶带大的，奶奶在家没有地位，被爷爷统治着，爷爷粗暴自私，对我妈非打即骂，嫌她吃闲饭。那时适逢国家经济困难时期，我妈家里穷，没吃没穿，偶尔弄来点白米，也要优先让爷爷吃，不许她吃。我外公是个老实人，但是脾气暴躁。早年丧妻，一大家子老的小的要靠他一个人养活，生活压力巨大。由于人老实，他在当地总是被别人欺负，有时在外头受了气无处发泄，回来对着孩子拳打脚踢。我妈如野地里的一株小草，在风雨中顽强地长大。苦难的童年练就了她坚强、好胜的个性，同时也形成了固执、暴躁、狭隘、苛求的性格。

了解了我妈性格的"来龙去脉"，我觉得她其实很不幸、很可怜，她就是苦难的家庭和上一辈教育不当的受害者。而上一辈历经战乱、饥荒，自身也经历了非常多的创伤，在那个时代苦苦挣扎着活下来已经耗尽了全部努力，哪里还有心思和能力琢磨怎么教育孩子？我小的时候，她曾经复制了上一辈简单粗暴的教育方式来教育我，让我受过很多伤害，这些童年伤害带来的影响至今仍存在。很多时候，人的心理年龄和生理年龄是不同步的，有的人虽然60岁，但是心理年龄不过16岁。我妈就是这样的人，很多时候她的表现像个孩子。我突然醒悟，之所以以前和她那么难沟通，是因为我把她当作一个心智成熟的人来要求。对于一个心智不成熟的人而言，这个要求太高了，就如同你要求一个孩子要像成人一样懂事。这些是她做不到的。我不能把她当"妈"来对待，只能把她当"孩子"来对待。我得试着去接纳她的缺点，不去和她正面交锋。

我发现当我一定要去改变某个人的时候，我其实根本改变不了她，我改变不了别人，但是可以去影响别人。所以要改变的是我自己，我要改变自己的沟通方式，要更加豁达，要更加能够接纳我妈。从那以后，不管我妈苛求也好、唠叨也好、和我对着干也好，我都不和她计较，我提醒自己只把她当孩子。先接纳她，再影响她。其实我妈在心情好的时候，她还是非常明理的。由于我的接纳，她渐渐不和我冲突了。

事实胜于雄辩，抓住生活中的事例进行分析最有说服力。我清楚地记得，有一次，周周和晓晓想把一台小风扇抹干净，去厕所用盆接水，晓晓不小心把裤子弄湿了一点，我妈看见了斥责她们总是给自己添麻烦（已经换了好几套衣服），把晓晓拉开，不准她们接水。周周觉得外婆阻碍了她们，就推开了她。我妈气呼呼地说我太宠着孩子了，满肚子火发在我身上。我耐心地把我妈支到厨房，示意她这件事情交给我处理。然后我给孩子们示范如何接水、如何拧抹布、如何抹风扇。孩子们非常专注地拧抹布、抹风扇，抹完风扇又把家里所有家具器具都抹了一遍。她们一趟一趟拧抹布，爬到凳子上抹门，蹲下来抹沙发，钻到茶几下面抹，是那么专注和开心。孩子们拧抹布拧得不那么利索，弄得客厅地板上到处是水，但最后她们自己拿拖把把地板拖得干干净净。我拿相机从头至尾拍了下来。

打扫完后，周周叫外婆来看自己的劳动成果，我妈惊讶得合不拢嘴。她不敢相信是两个孩子干的，问我是不是帮了忙。我把录像拿给我妈看。她看了就信服了，开心地说："没想到她们抹桌子那么专注，两个这么小的孩子（当时周周两岁多，晓晓4岁）居然可以把家里打扫得这么干净。"我趁机说："是啊，只要给她们机会去做，她们就能做得很好。"我妈不好意思地笑笑，什么也没说，我想她已经意识到自己的简单粗暴，也认识到是自己低估了孩子。

从那次以后，我妈渐渐认同我给她灌输的那一套教育理念了。我不失时机抓住一切机会（当然是在她心情好的时候）向她"灌输"我的那一套教育理念，并且和她分析她的童年经历对她的性格影响。我妈说："我小时候没少挨打挨骂，记得有一次把外裤穿在了内裤里面，奶奶以为外裤丢了，把我按在桌子上暴打了一顿。打完后发现裤子其实穿在里面。"我问："那您当时为什么不替自己辩解呢？"我妈说："那么小，哪里说得清楚啊。"我说："那您当时是什么感受呢？"我妈说："我就觉得是自己做错了，应该挨打。"

我说："您看，一个孩子挨打的次数多了，她就会质疑自己，明明没错，她却认为自己有错。这种简单粗暴的教育方式对孩子的伤害是一辈子的，所以，您就算已经60岁，您还会记得童年的不幸经历，还记得当时的真切感受。"听我这样说，我妈的眼泪都流了出来，我想这眼泪是为她自己童年所受过的粗暴教育而流。

上一代粗暴的教育方式对她造成了伤害，她复制了这种方式对待我。我给她分析不当教育对我性格的影响，我小时候是不能犯错的，一犯错她就对我非打即骂，要不就是罚跪。搞得我异常紧张焦虑，成年后都没有安全感。我妈说那是由于当时家里非常困难，我说其实困难只是一方面，关键还是人的性格所致。我讲了一个周周爸小时候的故事。他小时候家里也很困难，有一次放学，爸妈不在家，他发现家里的鸡没有放出来，便拿出钥匙打开门，把鸡放出来吃食。令他万万没有想到的是，那天他家的地里喷了农药，是他妈妈特意把鸡关起来的！鸡吃了喷了农药的菜叶，全死了。几十只鸡全部死光，这对于20世纪80年代一个穷得叮当响的农村家庭该是多么大的打击！他傻了，意识到自己犯了一个天大的错误，等着妈妈来打他。不过他妈妈——我那可敬的婆婆竟然一个字都没说他，至今他提到这件事情都唏嘘不已。

我妈听了这个故事感动不已，若有所思。我妈说："这件事确实不能怪小罗（周周爸），因为他不知道（打了农药）啊。"我打趣她说："是啊，如果当年您也这么想，那么在我犯无心之过如弄丢鞋子和衣服的时候，您就不会打骂我了。"我妈什么都没说，默认了我的说法。我怕她难以释怀，安慰道："现在明白了还不晚，您还要带外孙女呢。"我妈笑笑，坦然了。

这样愉快的交流经常在我们之间进行，我妈慢慢有点儿变化了。有一天，她对我说："你说的那一套都对，但是要我按这一套去做，我做不到。"我一听这话很开心，她从以前的不认可变为认可了，这是多么大的进步啊。我趁热打铁鼓励她："没关系，您已经有很大的进步了。比起外面的那些老人来，您要开明得多呢。"这话我妈爱听，越发用心去揣测孩子的心理，对于孩子的限制少了很多。也不知从什么时候起，周周尿湿或弄湿衣服，我妈不数落了；带周周到外面玩耍，放得开一些了，玩沙、玩水、玩棍子都可以；如果她错了，她居然会主动向周周道歉了。她也开始思考，时常发出不少感叹：叹以前教育方式的愚昧；叹现在很多老人对孩子限制过多，孩子不自由；叹自己怎么没有早些领悟教育孩子的真谛……虽然她的性格还是那么急躁，有时仍然会胡搅蛮缠，但是观念已经有了很大的转变，比之前更加容易沟通，在育儿方面也已经尽力在配合我了。

很多家庭的老人在育儿方面不是不能沟通，只是缺乏合适的对话方式。至于什么样的对话方式是合适的，每个家庭的老人性格各不相同，需要因人而异，但是下面几点是共通的。

☀ **和老人沟通的小提示：**

1. 界限清楚：孩子是我们的，我们有决定权，带养孩子的责任在我们，不在老人；老人没有义务帮我们带孩子，他们帮了，我们应该感恩，没帮也不要埋怨他们；

2. 不跟老人着急上火，不和他们计较；

3. 了解老人的成长经历，包容他们的性格缺点；

4. 不硬碰硬地对峙，尤其不要当着孩子面指责老人，冷静下来再沟通；

5. 眼见为实：抓住生活中的事例分析更有说服力；

6. 及时鼓励：老人如小孩，丝毫进步都需要及时肯定；

7. 换位思考：理解老人的辛苦，看得到他们做出的努力、付出的辛勤劳动，并说出你对他们的感激；

8.不给压力：老人转变是一个漫长的过程，需耐心等待；

9.反思自己：我们改变不了别人，但是当我们反思自己，更豁达更接纳身旁人的时候，我们就能影响他们。

第八章

父母会自我提升，
才能养育出更优秀的孩子

　　教育孩子不是一件容易的事情，虽说大的教育原则是通用的，但每一个孩子都不相同，每一个家庭的情况也各不相同，所以你无法完全照搬别人的方法。父母的自我提升和学习很重要，更重要的是边学习边领悟，这比别人直接给予你答案更能得到提高。

☆ 要不要做全职妈妈

很多妈妈问过我这个问题："我的孩子目前是老人带，老人的观念和我们不一样，对孩子的限制过多、保护过多，我想全职带孩子，可是又有种种担心，担心以后找工作困难、担心生活质量下降、担心和社会脱节、担心家人朋友不理解等，真是很纠结呀。"

有没有办法做到工作、带孩子两不误呢？如果只是把孩子养活大，这个问题好办，让爷爷奶奶或外公外婆带或请个保姆就可做到；但如果要把孩子教育好，恐怕很难做到两全其美。

要教育好孩子，主要带养人的素质非常重要。

☆ 第一，她必须人格健全、心智成熟、品行端正。

☆ 第二，要拥有科学的教育观，掌握科学的教育方式，懂得儿童心理，了解孩子的内心。

☆ 第三，她还需要广泛的知识面，较深厚的文化底蕴。以上这几点有几位老人和保姆能达到呢？不可否认，有少数文化素质较高、思想开明、学习能力较强的老人能做到。我们小区就有这样一位老人，退休前是大学老师，性格开朗、思想开明、为人和善。更为可贵的是，她特别勤学好问，一看见我，就和我聊孩子的教育话题，自己有哪些做得不够的，经常进行反思。如果有幸碰到这样的爹妈或公婆，那得恭喜你，你只需下班后多陪陪孩子，也许真的可以做到工作、孩子两不误了。不过，即使老人素质再高，思想再开明，也不能完全取代父母的位置。而且这样的老人凤毛麟角，大多数老人还停留在让孩子"吃饱穿暖"的阶段，或溺爱，或包办替代、过度保护，或过分限制孩子。很多家庭因为孩子的教育问题，甚至爆发两代人的家庭战争。而保姆的学识和素质就更加难以胜任教育孩子的重任了。

0～6岁是孩子性格形成的关键期，这个阶段（尤其是3岁前）教育的重要性在前文提到过多次，这里就不再赘述。不过，很多家长虽然重视孩子教育，但他们更重在给孩子创造好的物质条件、上好的幼儿园和学校、培养孩子的才艺等上面，而忽略了孩子需要父母的陪伴，需要父母能接纳、倾听、理解他们，帮助他们养成良好的性格和品格。所以这个过程中，并不是我们赚一些钱，给孩子上多好的早教班、兴趣班，上高端幼儿园和名校就解决了孩子的教育问题，孩子最需要的并非这些东西，而是父母陪伴他的时光。

每个人的价值观都不一样，所追求的东西也不一样，随之而来所做的取舍也不一样。对于本文开篇的那个问题，我个人的回答是，如果是我，只要能解决温饱，我就会选择全职带孩子，至少陪伴孩子度过生命的最初3年。因为事业中断后可以重新开始，而孩子的童年不能重来，也不能等待。

很多父母在孩子的生命最初几年没有意识到教育的重要性，忙着事业、忙着赚钱，把孩子扔给老人或者全托在幼儿园，到头来却发现孩子出了各种问题，不得不花大量的时间和精力去补救。这就好比让一个人生了病，然后再去给他治疗，病得轻的，花时间、花精力、花钱还可以治好；若是患上重病，任你花多少钱也治不好了！这里，我要讲两个"生病"的孩子的故事。这两个故事具有一定的代表性，令人警醒。

第一个故事的主角是一位的士司机。一次，我们一家人在公园玩过后搭乘的士回家，在车上，周周看见路旁的交通标志如"禁止鸣笛""限速60公里/小时"等标志，一个个指认。的士司机看见了，问周周多大了，怎么认识这么多标志。周周告诉他3岁半了。原来司机的儿子和周周一般大，说到儿子，他感慨万千，讲了他的故事。

他以前在深圳做生意，一年能赚二三十万。妻子在深圳当报关员，年薪约10万元。儿子出生后，一直由爷爷奶奶带，最初是在老家留守，后来请老人到深圳带过两个月。由于老人特别不适应深圳的生活环境，根本不跟外界交流，他担心长期这样会让老人憋出毛病，只好让老人带着孩子回了老家。

孩子两岁多的时候，问题暴露出来了：孩子非常任性、蛮横，说要什么就要什么，不达目的不罢休；无节制地吃零食尤其是糖果，前面两个门牙都被虫蛀没了；无节制地玩电脑游戏、看电视；在家是霸王，到了外面却胆小如鼠……夫妻俩意识到问题的严重性，只好忍痛放弃了在深圳的高薪工作，回到老家，他开的士养家，妻子全职带娃，来"修复"孩子。

司机感慨："以前一年的收入有几十万，现在全家就靠我开的士糊口，每年只有六七万的收入，但是我不后悔。我们已经错过了孩子的成长关键期，现在，我们不想再错过了。人生在世，要那么多钱干什么，一家人在一起，孩子能健康快乐地成长，一切就够了。"接着他转过头问我，"现在孩子3岁多，你说还来得及吗？"

我说："当然来得及，不过需要一个较长的过程。所有的不良习惯、不良性格一旦形成了，再去纠正需要一个漫长的过程，少则几个月，多则一年甚至更久。不过，你们是明智的，及时发现问题，下这么大的决心舍弃高收入来陪伴孩子，不容易。亡羊补牢，为时未晚。"

第二个故事是关于一个房地产公司经理的。他儿子5岁半，他坦言他们非常重视教育，平时也是老人带，老人的教育方式和他们的不一样，他想只有全托才能保证教育的一致性，于是在一所高收费民办幼儿园全托了两年，后来转到一所公办幼儿园日托。孩子最大的问题就是逆反、犟，不管你说什么，他都要和你对着干，什么都是"不"。经理问："是不是孩子进入了叛逆期啊？"我说："孩子在两岁左右进入人生的第一个叛逆期，那时自我意识萌芽，开始有了自己的主张，喜欢说'不'。到了5岁多，不是叛逆期了，这时孩子逆反可能是咱们家长的教养方式出了点问题。"经理说："他喜欢咬手，有时候皮都咬掉了，又红又痛，不管我们怎么说，他就是改不掉。"我说："这是孩子缺乏安全感的表现。给孩子放幼儿园全托会让孩子有种被抛弃的感觉，孩子必须在父母身边，和父母建立良好的依恋关系，只有能信任父母、确信父母不论在哪里都是爱他的，他才能获得安全感，进而才有可能信任环境、信任旁人，走向独立。你为了保证教育的一致性把孩子送全托是得不偿失的，你完全可以通过别的方式如看书、沟通、夫妻一方全职带孩子等来保持教育的一致性。再说，孩子白天在幼儿园，晚上你们多陪陪，老人们接触孩子的时间就很少了。"

经理连连称是，问道："孩子5岁多了还能改变吗？"我说："当然可以，不过要抓紧了，孩子越大越难改变。"

这两个故事里的家长都是在孩子生命的最初几年没有给孩子高质量的陪伴，他们不约而同地把孩子扔给了老人或是幼儿园，万幸的是，他们及时发现问题，还有时间来"修复"孩子，只不过要付出更大的代价和花更多的时间和精力。更加不幸的是很多孩子在小学甚至中学才发现问题，如网瘾、厌学、自卑自闭、性格孤僻、逆反、离家出走等，到那时，家长千方百计想要改变，有的甚至把孩子送到行走学校"改造"，但由于已经过了孩子的性格形成关键期，要改变已经很困难了！

有人会说，我们这一代人不都是这么长大的吗？不也好好的？其实仔细观察我们自己及周围的人，他们也许拥有高学历、好工作、高收入，但这不代表他们的心智健全，他们或多或少有各种性格或心理缺陷，比如，自卑、没主见、怯懦、狭隘自私、暴躁、敏感多疑、胆小、不能自控、不独立等。而且非常关键的是，现在这个时代和以前的年代相比发生了巨大的变化。首先我们那一代人的原生家庭基本上是多子女，每天和兄弟姐妹的相处就锻炼了我们的沟通、合作以及与别人相处的能力，有什么困难也可以找兄弟姐妹帮忙，有来自同龄人的社会支持。而现在的家庭孩子少，很多是独生子女，其教育难度比多子女家庭大了不知多少倍。独生子女家长的焦虑感、高期待，天然以这一个孩子为中心，以致独生子女自私、压力大、不堪承受父母的期待。同时独生子女缺乏手足，很难有机会长期和同龄人磨合，去学习协商、沟通、合作包容的功课，所以除非家长特别重视这方面的引导，一般独生子女比较自我，缺乏合作能力，这些都是独生子女家长需要面对的难题。

其次，最近这些年电脑、手机等电子设备普及每个家庭，对孩子造成非常大的冲击和诱惑，网络是个爆炸的信息海洋，有好的资讯，也有坏的（如暴力色情等）资讯，坏资讯对于没有是非分辨力的孩子就是一个个陷阱。而我们小时候连电视都看得比较少，不用说手机电脑了。电脑、智能手机等设备给人类带来了便捷，现今差不多各行各业已经离不开电脑，但科技是一把双刃剑，利用得好给我们带来益处，比如，我们把电脑、手机运用于工作大大提高了效率，而把手机、电脑用在娱乐上给人们带来的危害也是非常大的，看看身边沉迷手机、沉迷网络甚至有网瘾的青少年及成人就知道了。在我的工作中接触到的案例，孩子痴迷手机、电脑、网络的大把存在。另外，网络时代就是一个信息的海洋，好的坏的都有，现在的孩子一出生就处在这个海洋之中，他们从小要面对很多我们小时候没有的诱惑和冲击。我们小时候没有网络没有电视，就像一个小池塘，你想想是在小池塘里划船更难，还是在波涛汹涌的大海里划船更难呢？

最后，现在的孩子所面临的学习压力比我们小时候大得多，我们小时候父母都不需要管我们的学习，作业也很少，也没有什么培优班、补习班，我们的父母虽然也望子成龙，但不会像现在的家长这么焦虑。我们那时候还有很多时间爬树、摸鱼、跳房子、踢毽子，被老师批评了，被爸妈打骂了，出去疯玩一圈就治愈了。我们那时候初中和小学很少有戴眼镜的孩子。但是现在的孩子呢？他们学习压力巨大，小学生就有很多戴眼镜的了，他们不但有做不完的作业，课余也被各种培训班、补习班占据，缺少户外体育活动，他们被老师批了、爸妈骂了到哪里去释放心里的苦闷呢？有人认为现在的孩子太脆弱了，被老师批评了或被爸妈打骂了就要跳楼。可是你平时没有什么途径（如体育运动、干活）去锻炼孩子的抗挫折能力，又没有什么途径帮助孩子释放内心的压力和负面情绪，你怎么能指望孩子坚强呢？

所以，现在的时代无法与以前的时代相比，以前的时代已经一去不复返了。现在这个时代给家长有更大、更艰难的挑战。

英国有一句谚语："那双摇动摇篮的手就是那双摇动世界的手。"看一个民族有没有希望，就要看它的教育，一个民族的命运其实是掌握在母亲手中的。所以，如果条件允许，全职带孩子是非常有必要的。

但是，全职妈妈千万不要当成保姆型的。我见过不少全职妈妈，她们的教育观和教育方式与老人相差无几，重心是管着孩子的吃喝拉撒，每天疲于鞍前马后伺候孩子，没有心思和精力教育孩子。她们和大多数老人带孩子没多少区别，保护过多、限制过多、不放手、不懂孩子。她们对孩子缺乏耐心，容易发怒，不懂得孩子内心需要什么，不爱思考，喜欢抱怨"孩子究竟是怎么了"。这样的全职妈妈带出的孩子和老人带出的孩子差别不大。

当全职妈妈，心态也非常重要，不要有"牺牲"的想法。因为一旦有了这样的想法，你的心态就会失衡，觉得为了孩子，放弃了体面的工作、失去稳定的收入、失去自己的社会圈子，付出了那么多……于是生出很多怨气，带着怨气是教育不好孩子的，因为教育孩子需要平和的心态。这种失衡的心态还可能引发夫妻间的矛盾，影响婚姻的稳定。全职带孩子，不是自我牺牲，只是我们作为母亲应该履行的职责。每一位妈妈在准备辞职带宝宝之前，都要先认识到这一点，在准备全职带孩子之前，不妨先问问自己：我是甘心乐意当全职妈妈，而不认为自己是在"牺牲"吗？如果你的回答是"否"，那么暂时不要全职为好，以免埋下心理失衡的隐患。

当全职妈妈，家人尤其是丈夫的理解非常重要。如果丈夫不理解、不支持，甚至认为你在家吃闲饭，要靠他养活，从而轻视你，这样会让你非常抑郁。其实，全职妈妈也是一种职业，这门职业不只是在家做做饭、搞搞卫生、带带孩子，还肩负着教育孩子的重任，全职妈妈的任务是艰巨的，成功的全职妈妈收获的是孩子幸福的一生，其意义是任何职业都不能与之相比的。因此我想提醒一下所有的爸爸，一位甘愿当全职妈妈的妻子是丈夫的福气，千万不要轻视她，你应当看到她劳动的价值，要尊重、理解和支持她，加倍地珍惜她。

在目前这样一个房价高涨、就业困难、社会保障待完善、生活压力大的环境下，"要不要当全职妈妈"是一个沉重的话题。很多家庭靠一个人的收入养活不了全家，而大多数妈妈担心复出后找不到好工作，这些都是现实的问题，妈妈们要仔细权衡，考虑成熟再做选择。

如果政府能提高保障，并给予母亲（或父亲）全职带孩子一些政策上的支持，比如，延长产假至一年或更长；在母亲全职带孩子期间停发工资，但保留其职位；免去全职带孩子家庭的税赋等，解除全职妈妈的后顾之忧，那么可能有更多的妈妈将迈入全职的行列。儿童是国家的未来，国家是否强大，民族是否能振兴，与我们的下一代的整体素质息息相关。如果国家重视早期教育，鼓励父母亲一方全职带孩子，这将是我们民族最大的幸事。

✿ 养个孩子要花多少钱

这些年来，继"房奴""车奴""卡奴"之后，突然流行一个词："孩奴"。很多年轻父母都声称养孩子的负担很重，有人戏称孩子就是一部碎钞机，不少年轻的准爸爸准妈妈对即将迈入"孩奴"队列有些恐惧，更有一些年轻父母因为经济压力不敢生二胎。

养个孩子到底要花多少钱？当然不同的地区花费会有所区别，有人算过，北上广深等一线城市把一个孩子从出生到18岁，要花70万～200万元不等，这还没有计算通货膨胀的因素在内。在物价飞涨和教育产业化的大背景下，养育孩子的成本确实越来越大，但是养一个孩子真的要花那么多钱吗？

以我养育两个孩子的经历来看，养孩子花多少钱很大程度上取决于家长的经济条件和观念。我把养育孩子的花费分为两部分：一部分是必须要花的，也就是刚需，包括生活、医疗、教育三方面，生活费就是衣食住行的开支，比如，奶粉、尿片、衣服、伙食等；医疗费用就是孩子生病的花费；教育费用包括给孩子买书、玩具，以及幼儿园、学校的学费。另一部分是可花可不花的，就是除了上面刚需之外的所有费用，比如，保姆费、早教班、各类兴趣班、培训班、培优班、外出游学游玩等。这么一划分，你就不难发现，其实刚需部分不需要很多钱的，如果孩子不生大病，他的吃喝拉撒一年能花多少钱？幼儿园如果能上公立，1000多元一个月，私立贵一点，可根据自己的经济情况选择。而小学和中学是义务教育阶段，上公办学校不要花钱。

我们先来看看可花可不花的这部分。据我对很多家庭的观察，他们养育孩子的大头花在了"教育"上面，比如，早教班，还有各类课外班如钢琴、英语、舞蹈、美术等，还有语数英各科补习、培优班等，还有各种游学。各类培训机构打出口号"一切为了教育""不要让孩子输在起跑线上"，是不是孩子上了这些早教班、兴趣班、补习班，参加了几次游学，他们就真的"赢"了？我看未必，很多孩子从小学习舞蹈、钢琴等，有的考级考到10级，但是到了初中就没有时间再学习，并没有坚持下来。有的孩子上着各种课外班，但是心里并不喜欢。有的家庭一年花10来万给孩子补习功课，花重金请一对一的家教，但是孩子的成绩并没有太大的提升……

我看到在家长们拼命给孩子报各种课外班的背后，其实是他们无处安放的焦虑——他们期待孩子成为精英，同时也害怕自己的孩子落后，大家都在学、都在补，我不给孩子学、不给孩子补我家孩子就落后了，所以大家都被绑在一辆无形的战车上，被裹挟着滚滚前行。这样下来，除了少数有天赋的孩子上了名校，成了所谓的精英，大多数家庭的结果是家长省吃俭用花了很多钱，但是孩子却没有达到家长的预期。

当然，我并不是主张不要给孩子报课外班，而是不要盲目跟风报班，要根据自家孩子的天赋和兴趣来选择课外班，挖掘孩子的天赋潜能，提供条件让孩子做自己最喜欢最擅长的事情，一旦选定了，就让孩子坚持下去。一个人能够一直坚持做喜欢的事情，成功是迟早的。这样你就是把钱花在刀刃上了。

　　周周从小到大，我让她试过一些兴趣班，但是她最感兴趣的是画画，我就给她报了画画班，一直坚持到现在。另外，网球课也一直坚持下来了，目的是让孩子磨炼意志、强健身体。除了这两个，就没有给她报其他班了。我儿子现在4岁，对数学有强烈的兴趣，未来可能会考虑这方面的课外班。

　　至于语数英等各科补习班，我觉得小学阶段没有必要给孩子去补习。因为小学阶段就知识而言，还是非常浅的，如果孩子有不懂的地方，家长自己就可以解答，当然你需要多一点耐心，但是这样可以增进你和孩子的互动，也让你亲身体会到孩子的作业负担有多少，就不会站着说话不腰疼地要求孩子了。小学阶段的孩子，最重要的是养成良好的学习习惯，掌握科学的学习方法，以及培养孩子的学习能力，而不是只会做题，而这些是补习班很难做到的。与其花大价钱给孩子报补习班，不如家长自己好好琢磨，陪伴孩子学习，给孩子支持，帮助孩子建立好的学习习惯、学习方法和学习能力，你在孩子的小学阶段多花一点时间和心思，孩子一旦建立了好的学习习惯，有了科学的学习方法和较强的学习能力，到中学就会轻松很多。周周从小到大没有上过补习班，成绩还是不错的。其实不只是她，我发现还是有少数孩子从来没有上过补习班，但是成绩挺不错。在学习压力如此巨大的今天，孩子要完成学校的学习任务已经疲惫不堪了，如果还要牺牲掉休息和玩耍的时间去上课外班，他的负担更重，这样疲劳作战，学习效果不见得会好。所以，与其上补习班，不如想办法帮助孩子掌握高效的学习方法。

再论到养儿的刚需部分，孩子的吃穿住行，我们其实也可以省不少钱。我家孩子的衣服买得不多，捡了很多亲朋好友家的旧衣服给孩子穿，说是旧衣服，其实都有八九成新，相当于才穿几次的样子，既环保又安全，特别是贴身穿的衣服，比新衣服穿着更舒服。还有推车、婴儿床、安全座椅等阶段性使用的物品，都可以买二手货，或者用亲朋好友家里用过的，这样既省钱，又最大化地利用了资源，何乐而不为呢？即使我们不缺钱，也不必凡事都要给孩子最好的，推车要豪华的拉风的、玩具要高级的多功能的、衣服要大品牌的……比如，有的家庭一个上万的推车用一两年就扔了，一件几百上千块的衣服孩子穿两个月就穿不了给扔了，造成资源浪费，真的很可惜。你有钱当然可以适当享受生活，但无论有钱没钱，浪费资源都不是什么值得夸口的事情，有时只是虚荣心作怪罢了。

我们总想着要把最好的留给孩子，还有什么"只有一个孩子，吃的用的都要最好的""家中大部分开销给了孩子""再穷不能穷孩子"……这些观念本身就有问题。有一位妈妈说，她儿子想吃车厘子，80块一斤，她咬咬牙买了，她自己舍不得吃，全部留给了儿子。我也看到有些家庭父母省吃俭用，妈妈买一支200块的口红要犹豫半天，给孩子穿几百上千的衣服却眼睛都不眨。你把最好的留给孩子，你让孩子学到了什么呢？什么都要给孩子最好的、和人攀比，会让孩子学会虚荣；父母省吃俭用，孩子吃好穿好会让孩子变得自私，认为自己享受一切是理所当然，不懂得体恤父母赚钱的艰辛；家中大部分开销都给了孩子，得来太容易会让孩子以自我为中心，不懂得珍惜和感恩。你竭尽所能，花了大把钱，即使你的孩子学会了各种才艺，成绩也很优秀，但是他也变得虚荣、自私、冷漠，不懂得关心、体谅父母，不珍惜不感恩，这样的孩子有什么用呢？这是你花大笔钱想要教育出来的孩子吗？

另一方面，你花越多钱在孩子身上，你对孩子的期待就会越高。举个例子，你每年花很多钱给孩子报补习班，你自然会期待孩子的成绩有所提高，如果孩子的成绩没有提高，你就会感到失望，你可能就要责怪孩子，你会觉得我都为孩子付出了那么多，为什么孩子还是这个样子。这样你和孩子的关系就好不到哪儿去。这些年来，有些孩子出现各种心理问题如抑郁症什么的，个别甚至自杀，一方面固然与沉重的学习压力有关；但另一方面，家长的焦虑和对孩子的期待，以及家长和孩子之间关系恶劣也是一个重要原因。

在我看来，很多钱是没有必要花的。我一个朋友，除了孩子上幼儿园，她还给报了早教班。一次性交了2万元，平均每节课要花掉100多块钱。为了负担孩子昂贵的早教费用，她除了固定的那份工作，还做了3份兼职，每天早出晚归地忙这几份工作，根本没有时间陪孩子，更没时间学习。

为了每周两节早教课而牺牲掉休息时间和陪伴家人的时间，这是舍本逐末的事情。上早教班不等于早教，早教不等于上早教班。孩子越小，家庭对孩子的影响越大，不是每周上几次早教课就能教育好孩子的。与其花许多钱上这样那样的早教班，不如花些时间和心思多多陪伴孩子，这些对孩子的影响远远超过上早教班。

虽说在目前这个社会背景下，养育孩子的成本确实不低，但是家长的心态、消费观、教育观最终决定你会花多少钱在孩子身上。很多人以为花大把的钱就能把孩子培养好，无数的事实证明了并不是这样。

花大把的钱可以把孩子养大，但不一定能教育好。与其在孩子身上花大把钱，不如多花时间来陪伴家人和孩子，来建造一个幸福家庭，多花时间学习，和孩子一起成长。

✩ 你的行为正在潜移默化地影响你的孩子

到朋友家玩，我看到这样一幕：

朋友的儿子要喝水了，奶奶给他倒水。孩子说："我要喝冷开水，冰的！"奶奶说："天气这么冷，你感冒咳嗽，不能喝冷的。"孩子对着奶奶大吼道："不，我就要喝冷的！"奶奶从水壶里倒热开水，打算稍冷后给孩子喝，孩子一把抢过杯子，把开水倒掉。奶奶再倒一杯水，孩子又倒掉……孩子像一头暴怒的小兽，对着奶奶大吼大叫。朋友走进厨房想去"调解"，被孩子给吼了出来。朋友苦笑着说："这孩子，经常这样大叫大吼。"

朋友说，孩子妈妈的脾气很暴躁，有时喜欢大叫大吼，也许是这样，潜移默化地影响到孩子。其实我曾经看见他自己为了孩子的教育问题也对孩子奶奶"吼"过，这恐怕也是一个原因。很多人对待亲戚、朋友、同事、领导甚至陌生人都是一副好脾气，而在自己的家人面前脾气就失控了。也许潜意识里觉得父母和亲人是不会跟自己计较的，所以才肆无忌惮。事实上，父母亲人不会为我们的坏脾气和我们翻脸，但仍然会因此而伤心难过。对于有孩子的家庭来说，这样做的坏处更是让孩子耳濡目染，生气了就发脾气，而不是学习控制和管理自己的怒气。

父母暴躁，孩子可能会效仿，坏性格和坏习惯大概率会代代相传。我认识一位妈妈，她曾经向我"控诉"她的父亲，她父亲的脾气非常火暴，她小时候没少挨打。父亲经常由于一点小事就大发雷霆，比如，有一次父亲做好饭后大家没能及时过来吃，父亲暴风骤雨般把他们骂个狗血淋头！她很不喜欢她父亲的粗暴脾气，不过她也完全继承了父亲的暴躁脾气。她的工作很忙，平时是父母帮着带孩子。有一次下班后，她想看看报纸，儿子却在旁边闹着要她讲故事，她不想讲，想看报纸。儿子抢过她的报纸，她的怒火一下就起来了，顺手扇了儿子一巴掌……后来，她发现儿子的脾气也越来越暴躁了……

　　在孩子的身上，可以看见父母的影子。尽管这位妈妈不喜欢父亲的暴躁脾气，但是她仍然继承了她父亲的暴躁脾气，并沿用了她父亲粗暴的教育方式对待孩子，现在她又把这种暴躁脾气传给她的儿子。这一切非她所愿，她却无法控制。

　　为什么会这样？因为身教的影响远远超过言传，孩子受到大人潜移默化的影响，他们像海绵一样吸收着大人身上的一切，一言一行、一举一动甚至内心的情绪，不论是好的坏的，他们照单全收。

　　身教的力量远远胜过言传，这一点我深有体会。我有个毛病，特别不擅长收拾整理，用过的东西乱扔，不会物归原位，所以家里总是乱糟糟的，以致经常找不到自己的东西。一会儿找手机，一会儿找钥匙，一会儿找钱包，一会儿找梳子……总而言之，一天光在找东西上面就要耗费掉不少时间。我也总是丢三落四，好几次把钱包落在别的地方，雨伞更是丢了不知道多少把。我的这个坏习惯也影响到了孩子，周周跟我一模一样，也是乱扔东西、丢三落四，也是常常找不到东西。

我想很多人可能没有意识到身教对孩子的影响有多大。如果他们了解了，可能就会谨慎自己的行为了，毕竟没有人希望自己的孩子学坏。有次在菜市场，我看见了这样一幕。一个大约3岁的男孩坐在小推车里，爷爷奶奶推着车往前走。一不小心，爷爷推着车撞倒了停放在路边的摩托车。爷爷奶奶迟疑了几秒后，若无其事地推着车继续往前走。这时，摩托车车主发现了，气愤地上前追问这个爷爷，为什么把自己车撞倒了还没事人似的？爷爷对着车主"义正词严"地推卸一番，那表情好像完全与自己无关似的。车主见是位老人，有理也说不清，只好自己扶起了摩托车。撞倒了别人的车子，就应该扶起来，这是基本常识，也是做人起码的教养，年近六旬的爷爷奶奶却做不到这一点。就算幼儿园老师和父母是多么卖力地教育孩子要"负责"，可当孩子目睹了爷爷奶奶的推卸责任之后，他是不是也学会了推卸责任呢？

俗话说，"龙生龙，凤生凤，老鼠的儿子会打洞"。成人是孩子的榜样，一言一行都会被孩子模仿和吸收，不论对错好坏。孩子是成人的一面镜子，我们常常可以在孩子身上看到自己。所以，如果我们想让孩子遵守秩序，那么我们先问问自己是否严格地遵守了每一条应该遵守的秩序？孩子不仅仅听我们怎么说，他们更会看我们怎么做。于是就会有这样的情形发生：一边让孩子好好做功课、一边在桌边搓麻将的父母，他们的小孩很难好好学习；一边教育孩子少看电视多看书、一边自己窝在电视边不肯起身的父母，他们的孩子也会迷上电视而不是看书；一边教育孩子要文明礼貌、一边自己粗口不断的父母，他们的孩子自然会满口粗话；一边教育孩子要诚实守信、一边自己随意给孩子许诺不兑现甚至哄骗孩子的父母，他们的孩子难以学会诚实守信……

教育孩子不能光靠嘴皮子，家长的身教胜过言传，榜样的力量胜过一切的大道理。孩子更多是看我们做了什么，而不是听我们说了什么。如果光有语言（言传），没有行动（身教），这样的教育不仅没有任何效果，反而会让孩子看到你的虚伪，觉得你光说得好听，自己又做不到，有什么资格来教他？在教育孩子之前，我们要先问问自己，我们自己做到了吗？先做好自己，再教育孩子，这样我们的教导才能让孩子心服口服，才会产生效果。

✧ 家长禁忌：把负面情绪发泄给孩子

网友小草向我咨询孩子的问题，说孩子两岁多了，还没断奶，晚上要叼着奶头睡，经常一叼就是几个钟头。胆小怕生，在外面不敢和别人说话；性格很固执，只要他想要的东西，千方百计一定要得到为止。我说，孩子可能是缺乏安全感。小草问，难道是因为我和他爸经常吵架？我说，父母吵架，孩子当然会害怕不安。说到两口子为何吵架，小草的话匣子打开了，说了以下的故事。

"都是因为我婆婆。我月子里她连医院都没去，我接她来就是帮我老公到医院照顾我的，可她没下过楼，医院里只有我、宝宝和我老公。我妈妈已经瘫痪，不能来照顾我，婆婆这样对我，真令人心酸。第一次做妈妈，我不知道不能用冷水，一个阿姨善意提醒了我。我突然意识到，我就问旁边的婆婆，不能用冷水你怎么不提醒我一下啊？她居然说我又不是她女儿！去年春节，我先是得了急性乳腺炎，后来又得了肺炎。我儿子也感冒了，我们娘儿俩都在吊吊瓶，我和老公商量让婆婆来帮帮我们。老公打电话过去，婆婆回复不来，理由是她要过年。难道来我们这里不能过年吗？我又不是让她一个人来，是让两个老人一起来啊。

"这次，我真崩溃了。我今年本来要考公务员的，可甲流那么严重，不想把孩子送幼儿园，我想让她来帮我看两天孩子。你猜她和我说啥，她说她来可以，但是她每天要100元帮工钱，还要报销她的路费。我真的太恨那个人了，我想起的时候牙根都痒痒。我这辈子都不会原谅这个女人！由于这些事情，我经常和老公吵，我老公曾经对我很好，现在我们的感情都要吵没了。"

　　听了小草的故事，我很同情并理解她的心情。婆婆在她坐月子、生病等最需要关爱的时候冷漠旁观、不伸手帮她，的确令人心寒。小草的心里充满了怨恨，她生活在抱怨之中——抱怨夫家的其他亲人没有关爱孩子，抱怨老公"装孝子"，她把对婆婆的不满发泄在老公身上，经常和老公吵架，老公现在也失去了耐心。

　　孩子是这场家庭矛盾的最大受害者。尽管孩子已经两岁多，但是他还经常叼着奶头睡觉，正是因为他严重缺乏安全感所导致的。妈妈的心里充满怨气和怒气，这些会不经意地写在脸上。孩子长期对着妈妈一脸的怨气会是一种怎样的感受？他目睹爸爸妈妈吵架又会是怎样的心情？他一定会感到紧张、惶恐和害怕吧？在这种情况下，他又怎么能获得安全感呢？

　　我的一位好友经历更惨。结婚前，男友苦苦追求，许下山盟海誓，发动父母姐妹搞亲情攻势，全家人对她关爱有加。好友经不住男友的甜言蜜语和他全家人的温情攻势，恋爱3年后结婚了。婚后，老公逐渐露出冷漠、自私、虚伪的本来面目，最糟糕的是在孩子1岁多的时候，他许下的山盟海誓似乎还在她耳边回响，他却出轨了。公公婆婆也一反之前对她的关爱，一夜之间变了脸，不仅不主持公道，还反咬一口说她在诽谤！好友万念俱灰，以最快的速度和老公离了婚，孩子归老公抚养。我这个朋友刚离婚的时候，心里满腔怨气，每当想到前夫对自己的背叛、公婆对自己前后不一的丑态，她就恨得咬牙切齿。和我诉说与前夫一家的恩恩怨怨时，好友总是泪流满面，又担心挂念幼小可怜的孩子。每当她跟我说的时候，我大多数时候是默默听着，有时也会开解她：这一家人确实可恨，但是这种怨恨不要传导给孩子，如果孩子的心里充满了怨恨，他是不会快乐的。我们甚至不能在孩子面前说爸爸、爷爷奶奶的不是，因为孩子还小，没有判别能力，我们在他面前说别人不是，实际是在教会他搬弄是非。

好友做得非常好，离婚近10年，她没有在孩子面前说过前夫家人的任何不是（虽然前婆婆偶尔在孩子面前说她的不是）。她甚至对孩子说，要关心爸爸、爷爷奶奶，他们是爱你的。要宽恕一个曾经背叛自己、深深伤害过自己的人是多么不容易！但倘若我们不去宽恕，让自己生活在怨恨之中，便是让别人的错误来惩罚自己，过着不快乐的生活。

有些离异妈妈对前夫不满，会在孩子面前说爸爸不好；还有婆媳关系不好的，奶奶和妈妈争相在孩子面前贬低对方。这样做是不明智的，孩子不是法官，不能给我们主持公道，这样做除了让孩子学会怨恨之外没有任何好处。

有人可能会说，我们受到伤害了，难道就这么忍气吞声吗？说说都不行？你当然要找人诉说，但是倾诉对象不应该是孩子，孩子没有能力来承担这些。我们可以找亲人、朋友、要好的同事诉说，必要时可以找专业人士辅导。不管我们受到怎样的伤害，那都是大人之间的恩恩怨怨，应该在大人之间解决。我们向孩子诉说毫无益处，只会增加孩子的痛苦，你和对方都是他的亲人，如果你们都在他面前说对方的不好和对对方的怨恨，孩子是学会爱还是学会恨呢?

有时候被伤害了的确很难释怀，但是如果我们紧紧抓住伤害不放，我们的心被怨恨所占据，我们便无法快乐。如果还把怨气传导给孩子，那就更是为别人的错误买单了。

✩ 不要用"我要生气了"来要挟孩子

有一段时间，我经常说"妈妈生气了"，譬如，周周刷牙洗脸的时候磨磨蹭蹭，我来一句"你再磨蹭，妈妈生气了"；周周用完一样东西不及时归位，我说了两次后她仍然置之不理，我又来一句"请归位，不然妈妈生气了"……我发现这句话的威力很大，每次我这么一讲，然后配合一下脸部表情，周周马上就范。说习惯了，这句话居然成了口头禅，不知不觉就会从嘴里吐出来。

有一天，我因为一件比较重要的事情郁闷不已，心情很低落。周周看出了我的异常，非常紧张，她小心翼翼地问："妈妈，你生气了吗？"我点点头。周周接着问："为什么呀？是爸爸打游（玩电脑游戏）吗？"我说不是。周周仰着小脸迷茫地说："那我也没有拖拖拉拉呀。"看着她天真的样子，我忍不住笑了，这个小家伙在揣测是什么原因导致我生气呢，在她看来，"爸爸玩游戏"和"她拖拉"这两件事是比较容易惹我生气的。看到我笑了，周周也笑了起来，开心地说："妈妈，你开心了，你不生气了是不是？"我笑着说："看见你这么可爱的样子，妈妈怎能不开心呀！"周周把两个手指竖成"V"字，大呼"耶"，真没想到我的情绪对她影响这么大！

也许你会说，这孩子懂得察言观色，懂得逗妈妈开心，这是好事呀。没错，一直以来我也觉得每个人都有生气的时候，让孩子知道每个人都有生气的时候，妈妈不是圣人，也有生气的时候。孩子的确也需要学会顾及别人的感受。但是同时我不希望孩子把自己的情绪建立在别人的情绪之上，被别人的情绪左右，别人开心她就开心，别人生气她就紧张。我希望她知道别人的情绪是别人的，不要让别人的情绪成为自己的负担。简而言之，就是我希望她不要被别人的情绪绑架，她做什么或者不做什么，不是因为她害怕别人生气，而是因为她需要做正确的选择。

我开始反思。当我以生气作为"要挟"的时候，她做某件事并不是因为她发自内心地愿意做，也不是因为她觉得这件事情应该做，而是担心我生气。这对她其实是一个误导。一个人要做某事，理由应该是自发地、愿意去做，或者觉得这件事情应该这么做，而不是因为怕别人生气而做。固然孩子需要学会识别和体谅别人的感受，但孩子不应该被别人的情绪所捆绑和要挟，更不要去捡别人的情绪垃圾，为别人的情绪负责。

我经常把"我生气了"挂在口头，这样对周周形成了一定的压力。在一定程度上，我的生气让周周感到紧张，所以，每次当我说我要生气了，她立马"束手就擒"，避免我生气。在我真正生气的时候，周周紧张而小心翼翼，做什么都顺着我的意愿，似乎要来博我的欢心。这样，她关注的点在我的情绪上，并不在事情本身，她对某件事情某个行为的分辨建立在"是否会让妈妈生气"之上，而不是这件事情本身的对错之上。比如，她做事情拖拖拉拉，我希望她改变拖拉磨蹭的习惯，有时会因她拖拖拉拉而生气，她看到我生气或快要生气了，便不拖拉了，但下次仍然会拖拉，她拖拉的行为并未因为我生气而彻底改善，只是害怕我生气当时收敛而已。

　　所以，"拿生气说事"其实就是利用自己的情绪来控制孩子，这不是一种好的管教方式，并不能真正改善孩子的行为，反而让孩子和妈妈的情绪共生，学会了捡别人的情绪垃圾。有效的管教是理性的，当我们有情绪的时候先去处理自己的情绪，平静后再来管教孩子，这样孩子的注意点就在事情或行为本身上，他才会有真正地改变。

✩ 做智慧家长需要有举一反三的"悟"性

　　在网上，我会碰到各种各样的家长。有这么一类家长：问一大堆诸如"孩子不好好吃饭怎么办""孩子在某阶段该学些什么"之类的简单问题，我一一解答了。过一段时间，他们又来了，问的仍然是以前问过的问题。一段时间过去，他们的育儿水平没有多大进步，在提问之前，也没有进行深入的思考，就像某些学生读书一样，但凡遇到一个问题，等着老师告诉他标准答案，自己想都懒得想。

　　我身边也有这种家长，他们读了不少育儿书，理论、观点了解不少，但是他们很难消化为己所用，反而被各种理论弄得晕晕乎乎，不知该听谁的。他们的典型特征是学习能力比较差，习惯于求助，懒于思考，反复提问但提不出有价值有深度的问题。他们容易盲从于某本书或某位专家，期望全盘复制别人的经验，或者生搬硬套书上的理论。

　　可是教育孩子不是做菜，可以边看菜谱边学习怎么做。世界上没有哪一本书可以适合每个孩子的不同情况，像教人做菜一样来教人育儿。孩子有很多共性，但是每一个孩子又各不相同，甚至同一个孩子在不同时期发生的同一种行为，其背后的原因都是不相同的。拿孩子爱乱发脾气来说，对于建立了良好的安全感、获得足够关注的孩子，可能是孩子的情绪管理能力不够，当心里产生怒气的时候，任性而为，将怒气发泄到别人身上。针对这个情况，父母需要帮助孩子学习管理自己的情绪，不论是大人还是孩子，产生愤怒情绪是正常的，但乱发脾气、让怒气跑出来伤人是不行的。孩子此时需要父母引导他：在愤怒的时候怎样释放掉自己的怒气？怎样管理自己的怒气不伤人伤己？除了发脾气还有其他更好的方式吗？而对于那些安全感欠缺、获得父母关注不够多的孩子来说，他可能是以此来获得父母的关注，验证父母对自己的爱。合宜的做法是多给予孩子关注和无条件的爱、高质量的陪伴，告诉孩子"爸爸妈妈爱你"，让孩子确信父母是爱他的。同时也要鼓励孩子使用语言表达，而不要通过发脾气来表达需要。同样是孩子乱发脾气，因原因不同，解决办法也不同，倘若完全照书养孩子、生搬硬套，那你很可能就弄错了。

没有哪一本书或任何一位专家能解决你所有的教育难题。要教育好孩子，解决育儿过程中的问题，家长需要学会独立思考和分析。我曾经在我的教育群里问过妈妈们，你们目前最大的困惑是什么？很多妈妈都说是理论难以运用到实践，道理都知道，到了实践中就难以做到。为什么会出现这样的情况呢？主要是因为学到的理论仍然停留在书本上，没有把它内化为自己的东西，所以到了实践中就不知该怎么做了。

要怎样才能把理论/方法内化成自己的呢？我认为主要是要学会思考。遇到问题的时候不要急着去求助于别人，要先自己分析原因，思考有什么解决办法。内化的第一步是学会观察孩子，第二步是分析孩子行为背后的原因，第三步是寻求解决的办法。倘若遇到的每一个育儿问题都能做到这三步，你就能逐渐将学习到的理论内化成自己的了。

有一部分家长是能独立思考、分析问题的，这一类家长遇到问题感到困惑时，先把仔细观察的孩子的表现详细记录下来，然后再加上自己分析得出的原因及解决办法，最后再提出自己的疑惑。其中有家长不等我回复，他们自己就找到了解决的办法。如闹闹妈，这是她第一次给我的留言：

> 我宝宝（14个月）现在无论干什么都要我和他一起，从来不愿意独自玩，也不让我干任何我自己的事情。比如，吃饭，他吃一会儿不想吃了，我让他下地自己玩，我继续吃饭。但他一定会拉着我一起过去玩。我现在的做法是，温和地和他说：宝宝自己去玩，妈妈在吃饭，等我吃好了陪你。宝宝拉不动我，就开始哭。哭的时候，我不理他，和他重复一遍刚才的话，他哭一会儿停下来拉我一会儿，拉不动我又继续哭一会儿，直到我吃完饭跟他走为止。连我上厕所也是这样，他一定要拉着我和他在一起。宝宝在外面玩的时候，也是一直黏着我，我稍微走远一些，他就会跑过来拉我。看到别人的玩具，他想玩，自己不会去要，拉着我哼哼唧唧。我鼓励他自己去要，他会上前走几步，如果人家不理他，他马上又返回来拉我。要是自己的玩具被抢，他只会哭，不会去抢回来。我的态度是不想干涉，但是他一定会拉我去帮他要。我有时会带他去和别人沟通，有时会转移他注意力玩别的。如果在外面遭受几次玩具被抢后，他就会闹着要回家。而且从来不肯自己走回去，老是要抱着。宝宝是不是太胆小内向了？怎么样才能帮宝宝调整过来呢？

因为时间原因，我没有及时回复她，几天后，她又给我留言了：

302

关于我家宝宝胆小内向、过于黏人的问题，最近我通过大量的学习，并分析总结了之前的一些情况，终于明白了我原先的鼓励方式是不恰当的。之所以不奏效，是我太急于求成了。于是，这两天我改变了态度和方法，重新开始小心翼翼地暗中帮助他。

我之前进入了一个误区：看到他内向，便自以为应该多鼓励他，多给他独立的机会。这样不但没有效果，反而适得其反。在他没有准备好的情况下，鼓励反而成了强迫，成了压力。以前我老是排斥闹闹的胆小怕生，老是想改变他，但无论怎么努力都没效果。

现在我改变做法，不再排斥，而是接纳他的胆小内向，让他随便依恋，在外人面前也不再谈论他这一点，他真的慢慢开始改变了。没想到我的态度稍稍改变，效果就立竿见影。这几天带闹闹出去，我不再要求他自己下地走，也不鼓励他参与别的小朋友的活动。而是顺着他的意思，从出门到目的地，尽量抱着他，让他在我怀里先观察周围的环境，等他放松下来，不再感到紧张时，再引导他寻找感兴趣的东西。一旦情绪放松了，他看到感兴趣的事物就会发出声音或指指点点，这时候我再把他放下，让他去触摸或玩耍，他很欣然地下地去玩了。

其实内向、胆小、黏人，这些都是表象，本质还是安全感问题，忽略了事情的本质，问题永远也不可能解决好。闹闹现阶段最重要的是给他充分的安全感，而不是什么独立性。一旦安全感建立好了，他自然会脱离大人，独立行事的。处理人际关系的能力培养也不能急于一时，也需要有良好的安全感作为前提。今天带他去世纪公园玩，也有意外的收获。闹闹到后来一直是自己走路的，以前他是跟在我后面走，我要不断鼓励他追我；今天他自己走在最前面，开心地跑来跑去，并不时回头找我，甚至我们走了另外一条路，大声叫他都叫不住，可见他那时已经完全放松了对陌生环境的害怕。

最后，闹闹妈说了自己的感想："自我学习很重要，更重要的是边学习边领悟，这比别人直接给予答案更能让人得到真正的提高。"

"自己悟出的答案比别人给予答案更能让人得到提高。"这话说得真好。等着别人教，不如先自己"悟"。"授人以鱼，不如授人以渔"，咱们不要等着"吃鱼"，学到"捕鱼"的本领才是王道。

☆ 教育带来的焦虑何处安放

我看过一个幼儿园文艺会演的节目，一群6岁以下的孩子表达自己的理想，描述28年之后的自己是什么样子。他们一个个举着牌子走上台来，有的孩子说自己28年之后是科学家，有的孩子说自己28年之后是教育家，有的说自己28年后是宇航员，有的说自己28年后是舞蹈家，还有的说是世界冠军、钢琴家、音乐家，等等。

很显然，这群稚气的孩子完全是在老师的编排下完成这个节目的，他们机械地背诵出老师给他们的台词，喊出排练过无数次的口号，无疑这个节目迎合了当下家长们望子成龙的心情，但此时此刻孩子们真的知道自己28年后的人生是什么样子吗？这些愿望很美好，理想很宏大，但实现的可能性有多少呢？

可以想象，持这种教育思想的幼儿园能够带给孩子什么，他们的本意大概是让孩子志存高远，一心想当精英，不要当凡人吧！但是这样的方式也将让孩子急功近利、好高骛远、眼高手低、不切实际。这所幼儿园有很多家连锁园，生源不错，很多家长都以孩子上这家幼儿园为荣。我大致可以猜测到，这些家长的教育思想是什么，他们代表了现在大多数长的心态：望子成龙、望女成凤。他们给孩子上最好的幼儿园，上最好的小学、中学，期待孩子考上名校。他们追求精英教育，期望孩子能够出人头地。

家长有望子成龙的想法很正常，谁不希望自己的孩子优秀，有个好前程呢？但是当家长们为了孩子的教育焦虑得睡不着觉，从孩子出生就开始规划名校路线，然后是买学区房、报兴趣班、培优班、请家教、陪读，为了孩子的学业举全家之财力、人力，孩子的成绩牵动着全家人的喜怒哀乐，这样就不正常了。

一个事实是，不是每一个孩子都可以成为精英，成为精英的永远只有少数人。你放眼望去，你身边有几个宇航员、科学家、舞蹈家、钢琴家和世界冠军？你想让孩子成为精英，出人头地，这是你的美好愿望，无可厚非，但是你也要看到一个残酷的现实，如果你的孩子不是天赋禀异，大概率孩子就是一个普通人，毕竟奥运冠军、科学家、钢琴家之类的精英在人群中非常罕见，其概率比中五百万大奖高不了多少。

当然你可能会说，我也不是非得让孩子成为科学家、钢琴家什么的，我只是想让孩子上个好大学，将来有份体面的工作而已，这要求不过分吧？绝大多数家长都是这么想的，看起来这个要求也并不高，但是也要看你说的好大学是什么学校了。这些年来，高考录取率从恢复高考的1977年的5%上升到了80%，孩子要考上一个大学并不难。但是如果你说的好大学是指985、211之类的大学的话，要考上还是很难的。我查到2019年的数据显示，除天津、上海、北京外，多数省份985录取率没有超过5%，在985录取率排名靠后的几个省份中，考生要进前1%，才能考进985，全国平均录取率2%。211大学录取率最高的北京、上海、天津的录取率也仅仅在12%～14%，在排名靠后的省份广东、广西，211录取率还不到3%，全国平均录取率6.4%。那么考一本会不会容易一点呢？比985、211要容易一点，但是仍然有难度。北京、上海、天津的一本升学率最高，达到了20%以上，北京更是达到了30.5%的录取率，但排名最后的河南和广西，一本录取率分别只有7.8%和8.4%，大部分省份的一本录取率在10%～15%。简单说，100人里面只有2个能考上985，6个能考上211，10～15个考上一本。而且要注意的是，这个基数是以参加高考的人数计算的，还有相当一部分孩子在中考的时候就被刷下来了，没有计入这个基数，要是以出生人口为基数，录取率会更低。

看了这组数据，我们就知道，考个好大学并不容易。也许你会说，虽然好大学录取率低，但不是还有机会吗？难道都不让孩子去争取一下吗？你当然可以让孩子努力去争取，但是你越早认清现实、接受现实，当孩子没有考上好高中、好大学的时候你就越有心理准备，不至于过分焦虑。曾有位妈妈给我打电话咨询，说她家女儿上初三，马上要中考了，但是孩子的月考成绩中还有科目是C和D，一想到女儿可能连高中都考不上，她就焦虑得睡不着，觉得人生无望。她说他们家非常重视孩子的教育，孩子小的时候上了不少兴趣班，钢琴、舞蹈、画画等，只要孩子感兴趣的都让孩子去上，为了女儿的学业，她辞职陪读，放弃了自己的一切，到如今女儿却连高中都考不上，她觉得自己非常失败。

这位妈妈的经历其实也是很多家长正在经历的。我家马路对面就是一所重点中学，每年都有大批的家长在附近的小区租房陪读，我看到很多家庭无论在时间、精力还是金钱上，都是一切为孩子的学习让路，买学区房、陪读、花大把钱上补习班，就连我们附近的菜市场卖菜的小贩也在节衣缩食花高价给孩子上补习班。你为了孩子的学习付出了那么多，付出你的时间、你的金钱、你的工作、你的自我……你自然就会对孩子寄予很高的期望，当孩子没有考上好学校的时候，你的期待落空，你自然就会非常失望，特别是当你把孩子的成绩当成衡量你的价值的标杆时，你就更加无法接受了。

修改这篇文章的时候，我的女儿周周已经满14岁了，她从小到大没有上过补习班，我们也没有陪读，更没有给她买学区房。我承认，我们在人群中确实是很另类的家长了。但是我们不焦虑，因为我和她爸爸都认为，文凭只是敲门砖，你求职的时候需要看你的文凭，但在我们现行的教育模式下，文凭并不等于实力，文凭也不等于人品，最终你的工作做得怎么样，事业发展得怎样，还得靠你的实力和人品。真正有实力的人，别人不会问他的学历有多高，只有当我们实力不够的时候才要用文凭来证明。况且，如果你自己创业，你根本不需要文凭，你还能给那些有文凭的人提供就业岗位。既然是这样，我为什么要把孩子吊死在"上名校"这一棵树上呢？我为什么不从小就培养孩子各方面的能力，比如，让她学会负责，能承担压力和挫折，懂得自我管理，学会和各种各样的人相处，学会和别人沟通合作，学会坚持，学会学习（自学能力），难道这些不比一纸文凭更重要吗？有好几位做企业的朋友跟我聊过教育的话题，他们不约而同地表示，他们的企业每年会招聘一些大学生，但他们发现现在很多大学生既不会做事，又不会做人，很是让人头疼。其实并不能怪这些大学生，他们从小到大搞学习已经占据了全部时间，没有时间做其他任何事情，他们只学会了做题和考试，哪里有机会去锻炼能力？靠寒暑假几个社会实践活动去锻炼吗？

另一方面，这些年来，在沉重的学习压力下，每年都有一些孩子患上抑郁症、焦虑症等心理疾病，离家出走的例子也越来越多，个别甚至自杀。我家附近的一所学校曾有孩子跳楼，我朋友圈隔三岔五就有人转发寻找离家出走的孩子的消息，我也经常接到孩子心理出问题的咨询。而据《教育蓝皮书：中国教育发展报告（2014）》的数据，自杀的案例中有75%与学习压力相关。

是不是孩子上了大学后就没问题了呢？并不是。北京大学副教授、北京大学心理健康教育与咨询中心副主任徐凯文的数据表明：北大一年级的新生，包括本科生和研究生，其中有30.4%的学生厌恶学习，或者认为学习没有意义，还有40.4%的学生认为活着没有意义，现在活着只是按照别人的逻辑这样活下去而已，其中最极端的就是放弃自己。徐凯文把这种表现叫作"空心病"。这可是北大，精英中的精英啊！所以，孩子考上了好大学并没有万事大吉，年少时埋下的心理隐患会一点一点显露出来，不知道什么时候爆炸。

通过上面的数据和分析，我们弄清了几个基本事实：只有少数的孩子能够考上好大学，绝大部分孩子考不上好大学；青少年的心理问题很严重（能不严重吗？让我再去读几年中学，起早贪黑睡眠不足，我也会出问题）；文凭不等于实力和人品，只有文凭没有实力和人品，不要说做一番事业，保住饭碗都有困难。了解了这几个事实，你就知道为什么很多家长付出一切搞精英教育，费尽心思、竭尽全力地来培养孩子，但往往事与愿违，孩子不仅成不了精英，反而连正常人都成不了。这实在是在意料之中，不切实际地追求精英教育，就可能痛失精英。急功近利往往会无功而返。世风浮躁，做任何事情都含着功利心，教育也未能幸免。社会上很多培训机构抓住家长的这种望子成龙的心理，贩卖焦虑，大肆吹捧精英教育，对家长电话轰炸推销他们的补习课，如果你没有自己的判断，就很容易盲目跟风，付出了大把金钱，又霸占孩子的课余时间，然而并没有什么效果。

　　你可能要问，那我们该怎么办？每个孩子的天赋才能不同，我们做父母的创造条件，帮助孩子发挥他的天赋才能即可。如果你的孩子天生是学霸，你尽管去培养他考名校，但是如果你的孩子资质普通，并没有学霸天赋，你逼着他成为学霸，这不就跟逼着一条鱼爬树一样吗？他得多痛苦！依我说，与其付出巨大代价追求小概率的名校，还不如开开心心接受孩子本来的样子，挖掘孩子擅长的地方，帮助孩子去做他喜欢的事情，掌握一技之长，将来能够独立生存就行。

　　有人问我："你希望女儿长大后从事什么工作？她画画这么好，跳舞也不错，得好好培养一下，朝这些方面发展吧？要不就读个名校什么的？"我没有想过要去规划孩子的人生，她的人生不是我能规划和掌控的，只要她发挥自己的天赋才能，做自己喜欢的事情就好。我更加看重的是，我的儿女在未来是不是一个好妻子/好丈夫、一个好妈妈/好爸爸；如果打工，他们是不是一个负责的好员工；如果创业，他们是不是一个关心员工的好老板。他们的实力和人品是我每天都要去训练的，至于好大学，他们考得上当然好，锦上添花，考不上也不是天塌下来的事儿。

图书在版编目（CIP）数据

别以为你懂孩子的心 / 周令瑜著 . — 北京 ：中国
友谊出版公司 , 2021.8

ISBN 978-7-5057-5225-2

Ⅰ．①别… Ⅱ．①周… Ⅲ．①儿童心理学②幼儿教育
—家庭教育 Ⅳ．① B844.1② G781

中国版本图书馆 CIP 数据核字 (2021) 第 088033 号

书名	别以为你懂孩子的心
作者	周令瑜
出版	中国友谊出版公司
发行	中国友谊出版公司
经销	新华书店
印刷	三河市冀华印务有限公司
规格	880 毫米 ×1230 毫米　32 开
	10.5 印张　250 千字
版次	2021 年 8 月第 1 版
印次	2021 年 8 月第 1 次印刷
书号	ISBN 978-7-5057-5225-2
定价	56.00 元
地址	北京市朝阳区西坝河南里 17 号楼
邮编	100028
电话	（010）64678009

如发现图书质量问题，可联系调换。质量投诉电话：010-82069336